U0304257

PLANT STYLE

植物风格
玩转绿植

植物装饰手作指南

【美】希尔顿·卡特（Hilton Carter） 著

吴朝清 张焱菁 译

 化学工业出版社

·北 京·

本书中文简体字版由Ryland Peters & Small授权化学工业出版社独家出版发行。本书仅限在中国内地(大陆)销售，不得销往中国香港、澳门和台湾地区。未经许可，不得以任何方式复制或抄袭本书的任何部分，违者必究。

北京市版权局著作权合同登记号：01-2021-7017

图书在版编目（CIP）数据

植物风格.3，玩转绿植：植物装饰手作指南 / (美)希尔顿·卡特（Hilton Carter）著; 吴朝清，张焱菁译. —北京:化学工业出版社, 2022.3
书名原文：Wild Creations
ISBN 978-7-122-40500-5

Ⅰ.①植… Ⅱ.①希… ②吴… ③张…Ⅲ.①园林植物-室内装饰设计-室内布置 Ⅳ.①TU238.25

中国版本图书馆CIP数据核字(2021)第277968号

责任编辑：林　俐　刘晓婷　　　　　　　装帧设计：对白设计
责任校对：王佳伟

出版发行：化学工业出版社（北京市东城区青年湖南街13号　邮政编码100011）
印　　装：北京宝隆世纪印刷有限公司
710mm×1000mm　1/16　印张11　字数250千字　2022年2月北京第1版第1次印刷

购书咨询：010-64518888　　　　售后服务：010-64518899
网　　址：http://www.cip.com.cn
凡购买本书，如有缺损质量问题，本社销售中心负责调换。

定　　价：78.00元　　　　　　　　　　　　　版权所有　违者必究

前言

人们常说"好事成三"（美国谚语），在写完 *Wild at Home* 和 *Wild Interiors*（中文版《植物风格 1 · 绿意空间：绿植软装设计与养护》和《植物风格 2 · 如居在野：绿植达人的森林家居营造秘诀》）之后，创作第三本书成为水到渠成的事。这就是"连中三元"吧！《植物风格 1》讲解了家居绿植软装的基本方式，并告诉大家如何正确照料植物朋友。在《植物风格 2》中，我带着大家拜访了不同国家的绿植达人的森林家居，在给大家提供灵感和启发的同时，深入探究不同植物适合的生活环境，以及不同的家庭环境和功能空间如何装饰绿植。构思《植物风格 3》的初衷是：不仅希望大家受到启发，还希望鼓励大家上手行动。正是基于这个鼓舞人心的想法，才有了这本书。我不希望阅读本书的你仅仅感到兴奋和跃跃欲试，我希望你能急切地放下书，去创造和实践本书中看到的东西，或者去给予家中的植物应得的照顾。这才是真正的激励。唤醒体内沉睡的创造力量，然后付诸行动，这就是我创作本书的初衷。

《植物风格 3》是我发自内心想要创作的一本书，甚至这是一本为我自己而写的书。作为一名植物发烧友和室内设计师，我有时候会产生一些利用某个植物装饰空间的特殊构思，但没有一个产品能够反映我的品位或风格，这让我产生了自己动手制作的想法。例如，我想在家里放置一个绿植微景观，但希望它不同于常见的微景观，于是我买了一个可填充的玻璃灯作为容器。它是多么的特别，瞬间成为了房间的装饰亮点，视觉效果惊人。我相信许多人都会有与我一样的经历。我是一个植物爱好者，同时也是一个室内设计师，我的理想是将绿植带入室内设计，将自然之美引入室内，让大家都生活在有植物的家中。

　　第一章是本书的核心，将激发大家的创造力，带领大家在家中亲手创造自然之美。案例都是适合在家独立完成的：如何制作独具特色的花盆，如何绘制丛林主题的手绘墙……每个案例都能使你的家居空间更加充满绿意，更加时尚，更有生命力。在《植物风格1》中分享了我的床头悬挂植物，引起了很大的反响，许多读者都表示非常喜欢，因此我想做更多类似的植物装饰项目。本书中分享的项目都是在我脑海中早有构思的，现在终于有机会实现了。厨师会有自己的特色菜谱，我希望本书能成为植物爱好者和室内设计师、软装设计师们布置植物的特色"菜谱"。

　　在第二章，我分享了多年来积累的关于植物的各种经验技巧。或许是一些你没有想到的简单理念，但可以帮助你更好地照料和布置植物。比如，你一定不知道可以用 HB 铅笔的铅笔屑来帮助驱虫，就是这类简单但实用的经验。我将告诉大家在搬家时如何最可靠地打包植物，如何装饰植物的盆土表面，以及如何创造性地提升你的植物装饰氛围。学会这些技巧可以让日常的绿植养护多一点乐趣，或者在植物出现问题时能轻松解决。

　　第三章其实是我想站在演讲台上高声喊出的对植物的爱，它们能给生活带来巨大的变化，我希望将植物的能量更多地引入大家的生活。完成两本书后，我觉得自己需要深入思考一些问题，这些问题也是我多年来一直和绿植爱好者社群里的人讨论的：从光的力量到植物保姆的重要性。我渴望与绿色生命建立联系，并希望让更多的人理解建立联系的重要性。虽然许多人开始将自己的家填满植物，但重要的是需要更深入地思考植物和它们能带来的好处。延续前两本书，在第四章将继续和大家分享我喜欢的或者潮流的室内植物及养护方法，这是我的保留项目。

　　写作本书的时候我被兴奋笼罩，很感谢有机会再次与大家分享我对植物的激情。在过去的几年里，绿植爱好者社群不断发展壮大，能和大家在一起我感到很幸运。无论你是新手还是认为自己有两个"绿拇指"、八个"绿手指"或十个"绿脚趾"（"绿手指"是西方国家对园艺达人的称呼），都能在这本书中找到一些特别的东西。所以拿起你的围裙和手套，让我们玩转绿植！

目录

第一章
玩转绿植

　　在创作本书之初，我曾思考该如何让出版社同意我做一本我和我的植友们都会感到兴奋的，与植物 DIY 有关的书。于是，我记录下一些想法发给出版社，但出版社的编辑们一致将这个想法否决了，他们认为行不通。哈哈，我是在开玩笑。他们对这个想法很感兴趣，所以才有了你手中捧着的这本书。新冠病毒的大流行影响了世界各地的许多人，我想通过本书激发那些被困在家中的人的灵感和创造性。我喜欢布置生活空间，当通过植物让周围环境变得清新，我会非常开心。亲自然设计 (Biophilic Design) 正在影响全世界，因此有助于室内和室外融合的创意是非常有必要的。本章会展示很多有趣的 DIY 项目，有些项目会在不使用植物的情况下把你的家变成绿色丛林，有些项目会激发你内心童真的一面。但我保证所有的都会弄脏你的手！

　　虽然我们的艺术天赋或者能够得到的材料不尽相同，但我尽力确保这些项目每个人都能完成。其中大多数项目可以单独完成，但有些需要寻求一点帮助。对我来说，没有什么事能比和家人或朋友一起完成一项任务更有成就感。我将每个项目分解成需要的材料和工具、需要花费的时间、具体的制作步骤，使大家能按照计划有条不紊地进行。接下来一起动手DIY 吧！

有生命的艺术品：
植物壁挂

许多人都在寻找能模糊室内外界限的具有创意的方法。对我来说最重要的是，哪些植物能够在我想放置的区域的光照条件下茁壮成长，同时还能够展示我的个性和风格。作为一名室内设计师和植物软装设计师，我在创造理想的墙面装饰方面有一些独特的技巧。当然，一切都是从选择正确的墙面艺术品开始。并且重要的是对艺术品的尺寸和形状进行适当组合，合适的尺寸能够让视觉效果更完美。

我见过的最好的墙面装饰有一个共同点：多样性。它们不仅讲述了生活在其中的那个人是谁，而且能创造令人惊艳的视觉效果。我一直致力于追求具有视觉冲击力的艺术墙，后来我发现加入植物就可以轻松实现。如果你有足够的光照和时间来照顾更多的植物朋友，为什么要把自己限制在水平空间里呢？相信我，我家里有那么多植物，空间不知不觉就被植物填满的感受我最明白。所以如果可能，大胆利用垂直空间！

我在第一本书中展示的床头上方的植物悬挂吊篮，就是利用了垂直空间。这样不仅能拥有更多空间来展示你对植物的爱，而且还能创造有生命的艺术品。所以我想和你分享，如何通过制作植物壁挂来完成一件小型的有生命的艺术品。

如果你是像我这样的植物爱好者，你一定会在逛植物商店时发现挂在墙上的鹿角蕨壁挂。但你有没有考虑过打造具有自己风格的植物壁挂呢？在这个案例我就会演示如何创造这种有生命的艺术品，以及如何让你的墙面更有生机。

项目用时

1 小时

材料

① 适合悬挂的植物，鹿角蕨、蔓绿绒或球兰都是很好的选择

② 永生灰藓和驯鹿地衣（鹿蕊），数量取决于使用的植物和木板的大小，本案例使用了 28 厘米 ×20 厘米的片状灰藓和几把驯鹿地衣

③ 木板，案例中使用了回收的旧木板，家装商店里的新木材、牌匾，或者漂流木也一样好用。木板越大，就能给植物提供越大的生长空间，后期就越少需要更换木板

④ 麻线或鱼线，约 90 厘米长

⑤ 大型锯齿挂钩，至少能承重 9kg

⑥ 1.2 厘米长的钉子 2 枚，用于固定锯齿挂钩

⑦ 2.5 厘米长的钉子 8~14 枚，具体数量取决于木板和植物的大小

工具

① 锋利的剪刀　②胶带　③铅笔　④锤子　⑤一碗水

如果可能，一个能够帮忙的朋友

设计理念

这件有生命的艺术品的造型创意来源于二维相框与三维植物的结合，使它在平面空间和立体空间上都很突出。植物壁挂通常能成为墙面上的亮点，吸引所有的目光。找到艺术和植物的完美平衡很重要。

1

将锯齿挂钩钉入木板背面靠上的中心位置。在挂钩上粘贴一层胶带，这样就不会在后续的操作中划伤工作台面了。把木板翻过来，把植物连盆放到木板上，在要放置植物的地方用铅笔画一个圈做好标记。

2

在画好的圈中放入驯鹿地衣，直到圈被铺满，确定所需的驯鹿地衣的量，然后将它们拿下来放入装满水的小碗里。

3

在圈周围向外约 1.2 厘米的地方，钉上8~14 枚（取决于植物的大小）2.5 厘米长的钉子，让钉子稍微向外倾斜。

4

在钉子中间铺一层潮湿的驯鹿地衣，通过修整使其上部薄，下部厚。

5
　　将植物从盆中取出，疏松根部，去掉多余的土壤。

6
　　把植物放在木板上看一下需要保留多大体积的根部土壤。把片状灰藓剪成几片，弄湿并包裹住土壤。将包裹了灰藓的鹿角蕨根部压入钉子围成的圈中，修整造型。

7
固定植物时最好能找一个帮手帮你固定植物位置。剪一条90厘米长的鱼线或麻线。

8 ————————

将绳子一端绑在钉子上，拉紧这根绳子，绕过植物，绑到对面的钉子上。继续绕过植物，拉紧绳子，绑到另一个钉子上。重复操作，直到绳子绕过每根钉子一或两次。最后留下 7.5 厘米长的线头用于固定打结。上图是我用鱼线固定好的鹿角蕨。剪掉多余的线，把它挂起来！

9

————————

悬挂好后，立即按照该植物的养护需求给植物浇水，而且壁挂植物比盆栽植物干得更快。植物在明亮的非直射光环境下生长良好，每隔一到两周补充一次水分即可。补充水分需要采用两种方法，一是每周对苔藓球（苔玉）进行一次喷雾，二是每周将整个植物连同木板浸入常温的水中 10~15 分钟，确保浸没苔藓球和叶子，在挂回墙上之前要晾干直到不滴水。更多鹿角蕨养护技巧，参见 158~160 页。

永生苔藓壁挂

室内植物并不是最近几年才开始流行的，实际上在 20 世纪 70 年代就兴起了，但在 80 年代逐渐消逝。因此很多人担心这次的室内植物热潮也会重蹈覆辙。在我看来，对于室内植物的爱从来没有真正消亡过，20 世纪 70 年代之前也有很多人把植物带入室内。也许在美国，在我住的地方，室内植物变得时髦了，过时了，现在又变得时髦了。但在世界其他地方，如亚洲和欧洲，模糊室内外界限的做法一直存在。我们人类最初就生活在植物和自然之中，与户外紧密地联系在一起。当我们移居到室内时，也致力于寻找与户外自然元素保持联系的方法。打造这种生活方式有一个专业的名字——亲自然设计。如果你和我一样会在家里进行植物软装，会为硬木地板或木制家具设计感到兴奋，或者会因为大窗户而选择某个房子，你已经在身体力行亲自然设计。亲自然设计是在室内引入某些元素，让室内与外面的自然世界产生连接的方法。植物会让人感觉更有活力和创造力，这一切都归功于人类与户外世界的联系，我们会有意识或无意识地想与自然融为一体。这就是为什么很多人都会将例如海滩等自然景色作为他们的电脑屏保或者

项目用时

45 分钟

放一个仿真植物在他们的桌子旁边。这些关于户外世界的小暗示触发了我们大脑中的某些东西，使我们感觉更平静更高效。我非常理解那些使用仿真植物而不是真正植物的人，因为我们的室内并不是都有适合植物生存的足量自然光，仿真植物、由自然元素制成的东西，或大地色的墙壁，会对我们产生影响，让我们感觉置身户外。

在过去的 9 年里，我一直在让自己更多地与大自然融为一体。我创作了育苗墙作为有生命的艺术品，也打造了能提供植物的观感，但不需要和植物一样养护的永生苔藓壁挂。无论是真实的还是人造的，如果一样东西看起来极具自然气息，就会对我们的思想、心灵、生活大有裨益。因此，虽然本书绝大部分都是利用真实植物的项目，但我觉得包含一些对采光没有要求，也无需养护的创意也很有必要。永生苔藓壁挂就是这样的创意，它有趣且容易制作，还有助于你发挥创造性思维。下面是打造永生苔藓壁挂的具体步骤。

设计理念

永生苔藓不需要水和光，所以把它放在浴室或者走廊这样的不能养活植物的地方效果最好。如果想给单调的墙面点缀一点绿意，增加一些活力和格调，制作一个永生苔藓壁挂是个好方法。

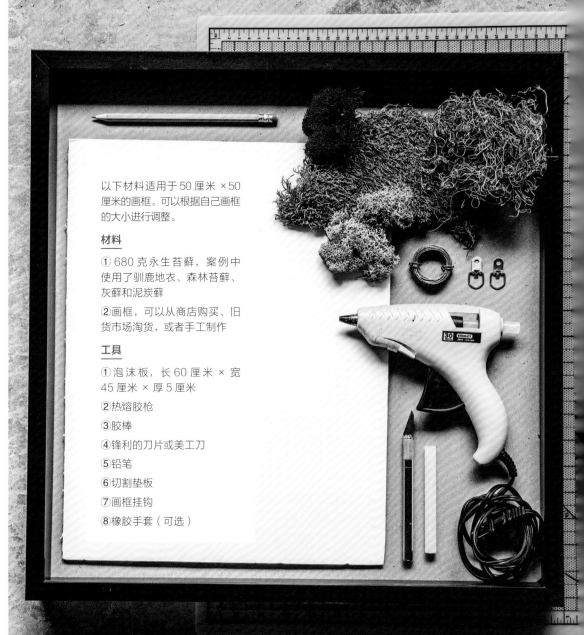

以下材料适用于 50 厘米 ×50 厘米的画框。可以根据自己画框的大小进行调整。

材料

① 680 克永生苔藓，案例中使用了驯鹿地衣、森林苔藓、灰藓和泥炭藓

②画框，可以从商店购买、旧货市场淘货，或者手工制作

工具

①泡沫板，长 60 厘米 × 宽 45 厘米 × 厚 5 厘米

②热熔胶枪

③胶棒

④锋利的刀片或美工刀

⑤铅笔

⑥切割垫板

⑦画框挂钩

⑧橡胶手套（可选）

1 ————————
如果画框是新买的，从包装里拿出来后打开画框背板，取出里面的玻璃。移除玻璃后，将背板装回去并固定好。

把切割垫板放在工作台上，用铅笔在泡沫板上画出想要的壁挂造型的形状。我们要将泡沫板叠放起来，形成层次，让作品呈现出自然地貌的感觉。

2 ————————
沿着画好的形状用锋利的刀片切割泡沫板，并将边缘清理整齐。

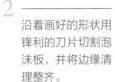

3 ————————
将切割好的泡沫板放到画框内看看设计效果。确定好位置之后，用胶枪把泡沫板粘贴到位。

4 ————

到了发挥艺术天赋和创造力的时刻了，该添加永生苔藓了。我在作品中间设计了一条蜿蜒而过的山谷，所以先在画框背板上粘一层薄片状的灰藓。对于片状苔藓，最好是先把胶水涂在画框上，然后再粘苔藓。粘完所有的片状苔藓，用剪刀清理掉边缘多出来的部分。

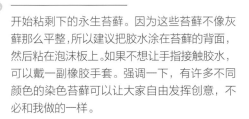

6 ————————
在背面安装好悬挂装置或挂钩，然后
挂到墙上展示你的苔藓艺术品吧。

5 ————————
开始粘剩下的永生苔藓。因为这些苔藓不像灰
藓那么平整，所以建议把胶水涂在苔藓的背面，
然后粘在泡沫板上。如果不想让手指接触胶水，
可以戴一副橡胶手套。强调一下，有许多不同
颜色的染色苔藓可以让大家自由发挥创意，不
必和我做的一样。

苔藓全部粘好后，翻转画框，轻轻地摇一摇，
去掉碎屑，加固有些松动的地方。再翻转回来，
修剪边缘，以及不想要的苔藓。

"团聚"：
植物香氛蜡烛

项目用时

45 分钟

点燃蜡烛，就会让人不自觉产生一种回家的感觉。也许是燃烧的烛火温暖了空间，又或者是释放的香气弥漫了空间。尽管美国宇航局已经对植物如何为家庭增加氧气和清洁空气做了研究，而且我家里有 200 多棵植物，但我感觉家里的清新空气是来自点燃的蜡烛和熏香。它们产生了一种平静的香气，像一团氤氲的雾从一个房间弥漫到另一个房间。我不知道你是否喜欢蜡烛，但我对燃烧的火焰很感兴趣。可能是因为我是火象星座，也可能是因为我非常着迷于欣赏火焰在空气中跳跃的景象。在家里燃起蜡烛不仅能给房间增添温暖清新的气息，还有助于增强记忆、缓解压力。

我想用一种能反映我对"家"的所有感觉的香味来制作属于自己的蜡烛，打造一种完美的家庭氛围。于是我找到了我的朋友莱塔·摩尔帮我制造完美的香味，她在巴尔的摩拥有一家名叫 KSM 的蜡烛制造公司。莱塔的愿景不仅仅是打造一家蜡烛公司，而是"打造一家人们可以聚在一起分享他们对创造的热情的公司"。凡是参加过她的蜡烛制作课程的学员，一定会被这个光荣的使命深深打动。"一个让人们聚在一起的地方"的想法点燃了我的思想，促使我想要制作一款符合自己家庭理念的蜡烛。家是我们和我们爱的人聚在一起的地方，我需要蜡烛的气味来创造一个关于家的记忆。我一直秉持着将自然带到家中的家居理念，因此我想要一种花香型的蜡烛，可以在室内感受到植物开花的香气。莱塔拿出一些花香型的香料让我挑选，玉兰、木槿和金银花的混合香气是符合我想法的完美组合。莱塔用她专业的鼻子闻过之后也表示赞同。一旦有了香味，我就知道我应该怎么命名这种蜡烛了——"团聚"，不仅代表着在家里和所爱的人团聚，而且也代表着一个人独处时的思想集中，或者汇集内容使想法成为现实。

下面就和大家分享在家里制作自己的植物香氛蜡烛的方法。所需的大部分材料都很容易在网上买到。

材料

① 约 450 克大豆蜡

②15 毫升混合玉兰、木槿、金银花的精油，或者自己喜欢的其他气味的精油

③烛芯，至少是容器高度的两倍，如果使用的是大豆蜡，最好使用大豆涂层烛芯

工具

① 双面胶或胶水，用于将烛芯固定在容器底部

② 容器，宽口玻璃瓶是很好的选择，最好不要选择木头或塑料材质，陶瓷、水泥和锡质容器使用前要经过防火处理。确保容器能用来盛放蜡烛

③ 使烛芯上部保持固定的东西，如晾衣夹、小木棍或筷子等

④ 微波炉，用来加热熔化蜡。没有微波炉也可以使用隔水加热的方法，把蜡放在玻璃或金属容器里，隔水加热直到熔化

把蜡倒进玻璃碗里放入微波炉中加热。

2
每次加热 30~60 秒，直到蜡完全熔化成液体，并在每次加热之间进行搅拌。注意容器很烫，因此要特别小心，不要用手直接触摸。等待蜡熔化的时间里，可以准备盛放蜡烛的容器（步骤 3 和步骤 4）。

3
撕下双面胶的一面粘在烛芯底部的金属部分，也可以使用胶水。

4
撕下双面胶的另一面，将烛芯牢固地粘在容器底部中心。将烛芯上部紧紧地缠在筷子等小木棍上，轻轻按压 10 秒。手指的热量会使烛芯外的蜡微熔化，使其稳固地缠绕在木棍上。

5

蜡完全熔化后是半透明的。如果没有达到这种状态，放回微波炉里再加热20秒。将蜡从微波炉中取出，加入芳香精油，搅拌2分钟。

6

小心地把蜡液慢慢倒入准备好的容器里，室温下在水平台面上凝固约20分钟，直到变成固体。

7

等蜡液完全凝固后，用剪刀将烛芯修剪至5毫米长。

蜡烛使用提示

之前我不知道蜡烛会形成记忆。是的，你没看错，使用蜡烛时，它们会形成记忆，下次点燃时会重复上回的燃烧模式，所以制造正确的记忆是很重要的。第一次点燃时让它一直燃烧直到顶层完全融化。容器内的蜡液保持在5毫米深度是最佳的，一是香味会更浓郁，二是使用后凝固得更均匀。

修剪烛芯。这有助于减少烟尘，推荐保留灯芯长度为5毫米。

让家变得有趣、不再沉闷的水泥花盆

第一个把植物带入室内的人当时一定意识到需要某种东西来包裹住土壤和植物的根。他不会只是在家里的角落里堆上一堆土然后种上植物就觉得万事大吉了。或者有可能这样做了，但在不断清扫土壤之后的某一时刻，他决定找一个更好的方法，那就是把植物种在某种器皿里。从那一天起，植物和花盆就成为了如同面包和黄油一样的绝配组合。我喜欢把花盆叫做植物的"衣服"或"裤子"。虽然植物本身能吸引大部分的注意力，但搭配花盆能为植物增加独特的个性。植物造型师能够在不同的花盆上找到乐趣，并通过颜色、形状和材料实现花盆与空间的连接和融合。

随着室内植物越来越受欢迎，花盆设计也越来越受重视，越来越多或好看或特别的花盆可供选择。在你为家里或其他空间挑选完美的装饰物时，花盆具有绝对优势。我喜欢将复古和新鲜的元素进行混搭，也喜欢自己动手创造，所以我尝试了在家里自己动

项目用时

28 小时（2 小时前期造型，24 小时干燥定型，2 小时收尾工作）

手制作花盆。出于对野兽派风格的热爱，我想用水泥制作一个花盆。水泥是一种在建筑业中广泛使用的材料，便宜、耐用、易于操作。虽然它不是很轻便的材料，但如果妥善使用，它的寿命很长。就个人而言，我非常喜欢它的质感和颜色。水泥和植物两种元素相互作用营造出的氛围十分微妙，一冷一暖，一轻一重，恰到好处。下面我就来分享制作水泥花盆的技巧。

以下材料适用于制作一个 18 厘米×18 厘米的花盆。

材料

18 千克的高强度水泥，案例中的花盆用了大约 8 千克（14 杯）

工具

① 直尺

② 铲子

③ 锉刀

④120 目和 220 目的砂纸

⑤250 毫升量杯

⑥ 美工刀

⑦ 铅笔

⑧ 胶带

⑨ 中型塑料盒

⑩ 泡沫板（91.5厘米长，61厘米宽，5 毫米厚）

⑪ 切割垫板

⑫ 橡胶手套

⑬ 不粘锅喷雾油

⑭ 面罩

⑮ 护目镜

⑯ 电钻和直径 6.5毫米的钻头

⑰ 海绵滚筒刷

⑱ 密封胶

⑲ 水平仪

1

先确定你想做多大尺寸的花盆，我想要一个 18 厘米 × 18 厘米 × 18 厘米的正方体花盆。将花盆的尺寸在纸上标注出来，方便制作模具。在确定尺寸时必须考虑泡沫板的厚度，这个数字将影响后面的模具切割。这里使用的泡沫板是 5 毫米厚。

外层侧面 2B

外层底面

2

制作两个模具，一个内层，一个外层。要制作长 18 厘米 × 宽 18 厘米 × 高 18 厘米的花盆，外层模具的底面需要达到 19 厘米 × 19 厘米，减掉每边 5 毫米厚的泡沫板，就能得到长和宽各 18 厘米的花盆。用锋利的美工刀切割出一块 19 厘米 × 19 厘米的底面，标记为外层底面。再切割两块 19 厘米 × 18 厘米的侧面，标记为"外层侧面 1A"和"外层侧面 1B"。最后切割两块 18 厘米 × 18 厘米的侧面，标记为"外层侧面 2A"和"外层侧面 2B"。刀片要锋利，这样才能切割得准确又整齐。

注意事项： 切割泡沫板时要有耐心，不要试图一刀切到底。沿着画好的线慢慢滑动刀片，观察是否切割到位。

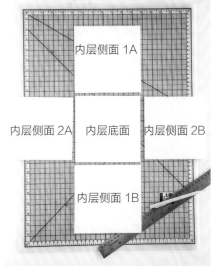

内层侧面 1A

内层侧面 2A　内层底面　内层侧面 2B

内层侧面 1B

3

切割内层模具。我想要的花盆厚度是 1.2 厘米，再厚一些当然没问题，但最好不要比 1.2 厘米薄，不然花盆很容易开裂。切割一块 15.6 厘米 × 15.6 厘米的内层底面。切割两块 15.6 厘米 × 16.8 厘米的侧面，标记为"内层侧面 1A"和"内层侧面 1B"。切割两块 14.6 厘米 × 16.8 厘米的侧面，标记为"内层侧面 2A"和"内层侧面 2B"。

内层侧面 2B

4

把外层模具的泡沫板用胶带牢牢地粘在一起，注意要将侧面粘在底面的上边，而不是侧边。用美工刀切掉多余的胶带。同样的制作内层模具。

5

戴上橡胶手套，在塑料盒中倒入约__千克（250毫升量杯 14 杯）水泥__用量杯量出约 1 升（250 毫升量杯__杯）清水，慢慢倒在水泥上。边用__子搅拌，边一点点加水，直到水泥__起后可以缓缓滑落。注意水要一点__加，不要一次加太多。

6

在外层模具的里面和内层模具的外面均匀喷上不粘锅喷雾油，能使泡沫板与水泥更容易分离。

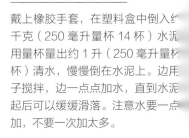

外层侧面 2B

外层侧面 1B

7

将搅拌好的水泥倒入外层模具中。倒入至少一半后，晃动模具，在桌子上轻磕，使水泥均匀分布，去除气泡。将内层模具放入外层模具正中间，并压入水泥中，直到模具还剩 1.2 厘米露在外层模具上方。在两个模具形成的夹层中继续添加水泥直到与外层模具平齐。然后找一块板和其他重物将内层模具压入水泥中。放置干燥 24 小时。

8

等水泥完全干燥后，用美工刀仔细地割开胶带，拆掉泡沫板，以免损坏花盆。

10

翻转花盆，在盆底中心用电钻打一个 6.5 毫米的排水孔。

9

拆掉泡沫板后你会发现花盆边缘不整齐，可以用锉刀慢慢打磨到基本整齐与光滑。用水平仪检查打磨后的效果，然后用 120 目和 220 目的砂纸精细打磨。

11

擦去花盆上残留的灰尘，然后在花盆的边壁、底部和内部涂上密封胶，至少要再放置 24 小时才能种植植物。请按照密封胶的使用说明进行操作。

12

在花盆里装上花土，然后种上你喜欢的植物吧！

现在你已经完成了花盆制作的整个过程，你可能还会想做一个配套的水泥托盘一起使用。重复上面的步骤，但要做得更浅更宽，就是这么简单。相信我，一旦你的手沾上了水泥，你就会想制作更多其他的东西。

皮革花盆挂架

在用植物装饰室内空间时，我常常通过使用绿色植物来增加空间的层次感。在视线上方、水平方向和下方都放置植物，会让人产生身处自然的感觉。所以用植物打造空间层次也是不露痕迹地模糊室内外界限的好方法。

让植物高于水平视线的最简单的方法就是悬挂起来。悬挂植物可以让空间看起来层次更丰富，并促使人移动视线并观察整个环境。对于欣赏的人来说，这是一种快乐，但对于照顾这些悬挂植物的人来说，就有些不便。因为大多数种植容器都有排水孔，所以不能在悬挂的地方直接给植物浇水，否则下面的地板就要遭殃了。要正确地完成浇水这项工作，必须爬上梯子把植物取下来，然后放在水槽或浴缸里浇水，等排水完成后再把它们送回原处。悬挂植物越多，浇水的工作量就越大。我有许多悬挂植物，浇水会消耗大量时间和精力，因此我想要是悬挂花盆下面有一个高边托盘就好了，这样就可以爬上梯子直接给植物浇水，多余的水可以流到下面的托盘里。我也见过许多在下面加托盘的悬挂花盆，但

项目用时

1 小时

托盘会完全包裹住花盆和植物，阻碍植物的呼吸和展示。而我想要的悬挂花盆不仅要实用，而且要美观有型。

我将一些关于植物悬挂花盆的想法告诉我从事皮革设计的朋友萨拉·托姆科，问她是否能帮我打造一个美丽的皮革挂架来承托我的植物和托盘。我的需求很明确，希望能够将各种尺寸的托盘放在这个挂架里面。萨拉很喜欢这个想法，几天后她设计出了雏形，效果非常棒。下面我将分享制作过程，这样你就可以在家自己 DIY 一个。

材料

①3 条 120 厘米长、2 厘米宽、1.6~2 毫米厚的皮革带，可以在网上或手工店里买到

②2 个直径 38 毫米的 O 形环　　　　③4 个直径 25 毫米的 D 形环

④14 枚双面铆钉，帽和钉全长为 6 毫米。如果使用比 2 毫米更厚的皮革，则根据厚度使用更长一些的钉子

工具

① 剪刀　　② 直尺　　③ 打孔冲子　④ 铆钉底座　⑤ 海绵　　⑥ 切割垫板

⑦ 卷尺　　⑧ 铅笔　　⑨ 铆钉冲　　⑩ 锤子　　⑪ 一碗水

注：上面列出的材料尺寸均基于本案例。但这个项目非常灵活，你可以使用人造革，甚至是再利用的旧皮带，也可以给皮革染色或涂色。要记住的事情只有一件，就是要有创造力，让你的作品有你自己的风格。

皮革基础知识

皮面：皮革的正面，作为挂架向外展示的装饰面。

绒面：皮革的反面，带有纹理，作为挂架向内的一面。

植鞣：一种生态友好的鞣制工艺，利用植物鞣剂将生皮变成可以使用的皮具原料。

回湿：湿润植鞣皮革使其更柔软，更易切割、打孔和定型。

1

将一条 120 厘米的皮带剪成 4 条，每条 30 厘米长，作为支撑底座托盘的承重带。

2

用海绵蘸水擦拭 30 厘米长的皮带，湿润皮革使其更柔软耐用，为标记和打孔做好准备。一定要全部湿润，直到皮革不能再吸水，避免变色不均匀。

3

用铅笔和直尺在 30 厘米长的皮带的一端标记两个点，距离末端分别为 5 毫米和 5 厘米，这是连接底部 O 形环的一端。

4

在 30 厘米长的皮带的另一端标记两个点，距离末端分别 5 毫米和 4.5 厘米，这是连接 D 形环的一端。

5

用海绵湿润剩下 2 条 120 厘米的皮带。用卷尺量出皮带的中点，即 60 厘米处，做一个标记。在中点两侧 2.5 厘米的地方各做一个标记。然后在距皮带两端 5 毫米和 4.5 厘米的地方各做两个标记，这些末端也将连接到 D 形环上。

6 ——————

准备好切割垫板、锤子和打孔冲子，给所有的皮带打孔。在切割垫板上放置一条 30 厘米的皮带，用锤子和打孔冲子打出标好位置的 4 个孔。湿润的皮革更容易打孔，如果皮革有点干，可以用海绵重新湿润。剩下的 3 条 30 厘米的皮带重复同样步骤。然后给 2 条 120 厘米的皮带各打 6 个孔。

7 ——————

在把所有的皮带组合起来之前，先整理好皮带。准备好 30 厘米长的皮带和 O 形环。让标记 5 毫米和 5 厘米的那端在下，这是连接 O 形环的一端。

8 ——————

O 形环放在切割垫板上。30 厘米的皮带绒面朝上，连接 O 形环的一端放在 O 形环下面，然后绕过 O 形环，使两孔相对。

9

现在准备安装铆钉。双面铆钉由钉和帽两部分组成。铆钉冲和铆钉底座都有凹槽，可以固定铆钉。先从底部将钉穿过两个孔，将帽扣在钉上，然后将钉放到铆钉底座的凹槽内，铆钉冲的凹槽对准帽，用锤子对准敲击。重复步骤 8 和 9，将剩下的 3 条皮带连接到 O 形环上。一定要确保连接的是正确的一端。

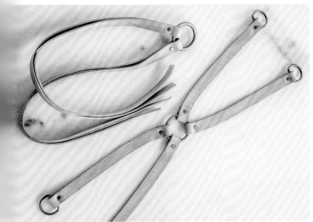

10

连接长皮带。将一条 120 厘米的皮带穿过 O 形环，利用皮带中点的两个孔连接在 O 形环上。另一条重复同样的步骤。

将 30 厘米皮带的另一端连接在 4 个 D 形环上，完成底座托盘承重带的制作。

11

最后把长皮带和短皮带连接在一起。将 2 条 120 厘米皮带的四个末端分别连接到 4 个 D 形环上。注意确保皮带的正面向外、反面向内。这部分有点棘手，因为皮带很容易翻过去导致正反面弄反。皮带连接的四个点应该位于一个平面，这样托盘放在里面才能得到平稳的支撑。连接时避免将长皮带与短皮带交叉。现在可以用植物挂架来展示美丽的植物和花盆了！

可以在 Instagram 上找到萨
拉·托姆科，她是 Hide and
Peak 皮具的主理人和设计师。

搭配花盆和托盘

选择花盆和托盘时，我会首先考虑花盆的颜色、质地和大小，然后搭配最合适的托盘放在下面。虽然很
多花盆自带托盘，但这并不意味着你一定要使用那个托盘。买两套花盆和托盘，交换使用托盘，或者使
用旧盘子或茶盘，加一点创意就可以使植物脱颖而出。

黏土托盘

在我看来，托盘属于室内园艺界的无名英雄。托盘用它的肩膀托起了花盆和植物，并容纳了从花盆排水孔流出来的多余的水。它虽然不起眼，但它对植物的健康非常重要，对地板也很重要，他能防止水流到地板或地毯上。但是很多时候可供选择的托盘并不多，最常见的是与陶土花盆配套的陶土托盘，或者千篇一律没有任何风格的塑料托盘。很多花盆不带托盘，你不得不购买塑料托盘。我曾经建议用旧餐盘、曲奇饼干盒，甚至大碗作为托盘，因为这样至少可以有一点风格、色彩和独特性。

正是因为不同风格，所以才能够区分彼此。虽然你可能已经购买了与其他人一样的花盆，但你放在下面的托盘和赋予它的风格可以完全不同。在前面的项目中我分享了制作花盆的方法，顺理成章在这节我会分享托盘的制作方法。在制作托盘的过程中你会找到一种有趣的方式使你的植物脱颖而出。使用泥土是一种将自然带入室内的有效方法。特别是通过触觉，泥土会让你感觉以某种微妙的方式与地球连接。你可以丢掉手套，触摸感受，你的指纹会永远留在黏土上，你也将会拥有一个独一无二的托盘！

项目用时

1 小时塑模，3 天干燥

设计理念

黏土具有多孔结构，黏土做成的托盘会渗出很少量的水分，所以尽量不要放在没有防潮措施的木制地板或窗台上。我喜欢用旧书、垫板或基座把托盘垫起来。可以参考 102 页"提升植物高度的技巧"。

材料

450 克免烤黏土

工具

① 橡胶切割垫板或塑料切割垫板

② 黏土雕刻工具：刮刀、泥塑刀、细部雕刻刀

③ 手套，也可不用

④ 喷雾瓶

⑤ 铅笔，用于绘制设计草图

⑥120 目和 220 目的砂纸

⑦ 花盆或碗，为托盘的大小、形状提供参考

注：以上是制作直径 19 厘米托盘所需的材料，若要制作更小或更大的托盘，请调整黏土的用量。

1

将黏土取出放在干净的切割垫板上。切割垫板的材质最好是橡胶或塑料的，这些材质更容易和黏土分离，不会粘连在一起。切割垫板要保持干净，最终完成的作品中就不会出现杂质。

2

用手或擀面杖擀平黏土，厚度为1.2厘米左右。

3

把碗或花盆扣到黏土上面，标记出托盘的大小和形状。用细部雕刻刀将多余的黏土切割掉，放入密封袋中，下回还能继续使用。

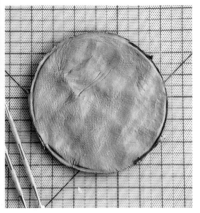

4

接下来制作托盘的边沿。在距黏土边缘5毫米的地方，用刮刀沿着黏土边缘向下压一圈，深度约5毫米。托盘的边沿可以更高，但不应该低于5毫米。

5 ——————

用泥塑刀将中间的黏土挖出放在一边，可用于后续的加固边缘或填补某些地方。托盘底座至少要 7 毫米厚，所以不要挖得太深。

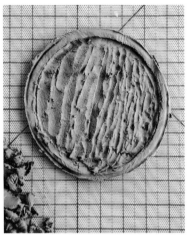 

6 ——————

用喷雾瓶给黏土均匀喷水使其更柔韧，用刮刀调整并压平托盘的底座和边沿，托盘上会留下很多纹理。如果你喜欢清爽整齐的外观，可以切割一块托盘底座大小的泡沫板，均匀按压托盘。

  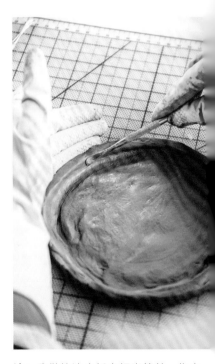

注：我做的这个托盘相当简单，你也可以在托盘上雕刻喜欢的图案或形状。

保持托盘在切割垫上不动，放到凉爽干燥的地方干燥36小时，然后把托盘翻过来再干燥36小时。

托盘干燥后先用120目砂纸打磨瑕疵，清理掉打磨下来的粉末，再用220目砂纸精细打磨，同样清理掉粉末。

黏土托盘做好了！如果你对它的原始颜色不是很满意，或者想增加更多的流行元素，可以使用丙烯颜料自由上色。

育苗架

项目用时

4 小时

入了植物的坑后，除了买买买之外，使我的植物数量迅速增加的另一途径是自己动手对植物进行繁殖。最初的时候，有人告诉我，如果把植物的枝条剪下来放在水里，一段时间后它就会长出根来，然后把它移栽到土里就会长成一棵完整的植株。我第一次听到这个消息时，下巴都要被惊掉了，我瞪大眼睛，身体微微后退，心想："你是魔法师吗？"但我现在相信这不是魔法，我尝试了一次，就开始痴迷于这种植物繁殖方法了。我从一棵植物上剪下了第一根枝条，然后到了周末我家到处都是插条，罐子里、旧瓶子里、任何能装水的容器里。我发现繁殖的回报如此之大，这让我更有动力不断从自己家和朋友们的植物中剪下越来越多的枝条。我还从当地的苗圃剪切枝条。当然我不是偷偷剪的，我事先征求过苗圃主人的同意。我喜欢繁殖植物的原因在于，可以从花了那么多时间养护的植物中拿取一部分，然后送给喜欢和关心的人。我把育苗叫作不断给予的礼物，因为当你把一个枝条送给他人培

育后，它就会不断生长，然后那个人就可以从中再拿出一部分送给另一个人。植物从一个家庭，到下一个家庭，再到下下个家庭，一直延续下去。

2016 年通过育苗，我拥有的植物从 80 棵增加到了约 140 棵，我的理想生活是让空间充满生机勃勃的植物气息。当我和妻子搬进新公寓时，我真的很想布置一面满是植物的墙来利用垂直空间。于是，我突发奇想为什么不用植物切枝来装饰墙面呢？我们不仅能够培育和种植这些植物切枝扩大自己的植物家族，而且还可以作为礼物送给我们关心的人。今天我将告诉你如何用可回收的废旧容器打造自己的育苗架和育苗墙。用到的材料都可以在当地建材市场买到，我还用到了一些回收再利用的废旧材料。有很多饮料都是玻璃瓶包装的，二次利用这些玻璃瓶，与其说是废物利用，不如说是找到了一个更好地制作育苗架的方法，同时减少浪费。我画了一个关于育苗架构想的设计图，并请求我的木工朋友马特·诺里斯帮我用尽量少的材料制作。几经尝试，我们终于得到了满意的结果。下面是如何制作植物育苗架的具体步骤。

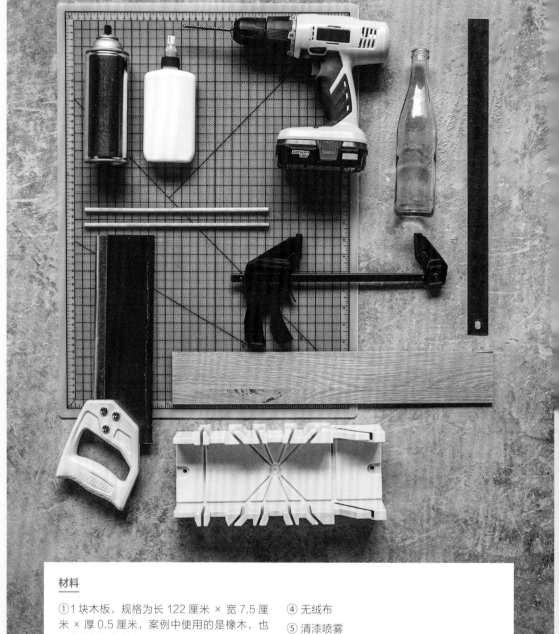

材料

① 1块木板，规格为长 122 厘米 × 宽 7.5 厘米 × 厚 0.5 厘米，案例中使用的是橡木，也可以使用其他硬木

② 1根长 61 厘米 × 直径 0.5 厘米的圆木棍或 2 根长 30.5 厘米 × 直径 0.5 厘米的黄铜棒

工具

① 直尺

② 木工胶

③ 电钻以及直径 6.5 毫米的钻头

④ 无绒布

⑤ 清漆喷雾

⑥ 4 个 15 厘米长的木工夹

⑦ 斜锯柜和锯

⑧ 切割垫板

⑨ 粗砂纸和 220 目的砂纸

⑩ 螺丝钉和螺栓，用于安装育苗架（可选）

⑪ 4 个玻璃瓶

1

把木板放在干净坚固的工作台上，测量标记出 2 个长 30.5 厘米和 1 个长 29.2 厘米的长方形。

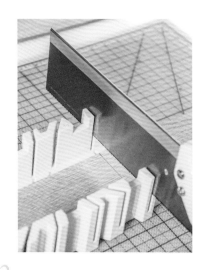

2

用木工夹将斜锯柜固定在工作台边缘。将木板放入斜锯柜，用木工夹辅助定位。对准标记位置，小心地锯开，得到三块长方形的木板。

3

在剩下的木板上标出 2 个上底长 7.5 厘米，下底长 15.25 厘米的直角梯形。将木板对准斜锯柜上 45 度角标记的位置，小心地锯开。

4

用剩余的木板制作 3 个边长 5.3 厘米的小直角三角形。方法是，顺着木板测量 7.5 厘米并锯下来，现在得到一个 7.5 厘米 ×7.5 厘米的正方形。再把这个正方形放到斜锯柜里，顺着对角线锯成两半。现在得到 2 个直角边为 7.5 厘米的直角三角形。沿着三角形斜边（长约 10.6 厘米）的中点和三角形顶点，将其对半锯成两半。最后得到 4 个小三角形，只用其中 3 个就够了。

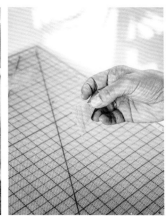

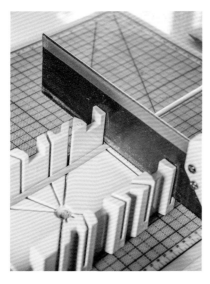

5 ———————

圆木棍标记出 30.5 厘米的两段，锯开。现在用来制作植物育苗架的配件都准备完毕了。

6 ———————

在 2 个梯形上各钻两个孔，位置如下：一个圆心离下底 6.5 厘米，离直角腰 2 厘米，另一个圆心离下底 6.5 厘米，离直角腰 7 厘米。打孔时要使钻头垂直于木板表面。

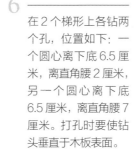

注意事项： 打孔时，在要钻孔的木板下面垫一块废木板，防止钻坏台面。

在两块梯形木板的斜边到孔之间做好标记，并切割出小缺口。这个操作有点难度，所以最好先在废木板上练习一下。将砂纸裹在尺子上，把缺口内部打磨光滑。

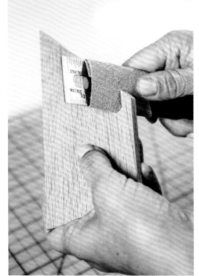

8

取一块 30.5 厘米长的木板，在距长边 2.5 厘米，距短边 5 厘米的位置做两个标记，并钻孔。这是用来将制作好后的育苗架悬挂在墙上的螺丝孔。

9

在组装之前把所有木板都打磨好。用 220 目的砂纸顺着纹理来回打磨所有表面。注意不要打磨边缘，保持其粗糙的状态，这样能更牢固地将木板黏合在一起。

10

在 30.5 厘米长木板的一条长边上涂抹木工胶，然后与另一块 30.5 厘米长的木板拼合，形成一块长 30.5 厘米 × 宽 15 厘米的木板。刚开始不要太过用力，让两块木板黏合在一起时仍然可以滑动，以便调整位置，使其完美地对齐。如下图使用木工夹夹住木板，帮助对齐，防止错位。一旦完全对齐后夹紧木板，并用湿布擦掉多余的胶水。一个小时后等胶水完全凝固再取下木板。

11

将长 30.5 厘米 × 宽 15 厘米的木板作为架子的背面，放置在工作台面上（可以用蜡纸或铝箔纸覆盖工作台表面，防止配件粘在上面）。将木工胶涂抹在两个梯形的长边上然后粘在背面木板上。29.2 厘米长的木板作为架子的底面，夹在侧面木板之间辅助梯形木板与背面保持垂直。固定好位置之后，用湿布擦去多余的胶水。等待约 30 分钟之后，给底面木板的 3 个侧边涂抹胶水，将它粘到背面和侧面上，然后再用木工夹起两个侧面辅助加固。再等待约 30 分钟，底面就安装牢固了。在 3 个小三角形直角边涂抹胶水，如图间隔均匀地粘好，尽量少用胶水，因为多余的胶水很难去除。

12

将所有边缘打磨光滑。先用粗砂纸，再用 220 目砂纸。将作品拿到室外，喷上透明的清漆。不要挪动，按照清漆的使用说明等着完全干燥。

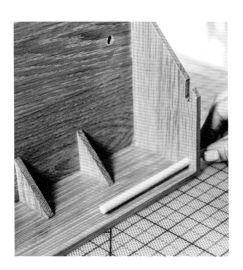

13

清漆干燥后，取一根木棍先穿过一侧底部的孔，两端涂抹胶水，再插入另一侧的孔里固定。将木棍两端打磨至与侧面平齐。如果使用黄铜棒，请确保在插入之前先去除两端的毛刺，防止划伤孔。切割和打磨另一根木棍的两端，将其架在上面的缺口上，这根木棍不用和架子粘在一起，是可以活动的。

14

如果你愿意，可以用螺丝钉和螺栓把育苗架安全地安装到墙上。然后从植物上剪下切枝插到装满水的玻璃瓶里，然后将玻璃瓶整齐地安置在植物架上。

你可以在 instagram 上找到马特·诺里斯，他的 ID 是 @anatomatty。

植物吊灯

众所周知，我非常痴迷于植物，但你们知道是什么彻底改变了我对植物的态度吗？好吧，允许我再讲一遍我和植物的故事。那就是当我看到"植物吊灯"的那一刻。2011年当我还是绿植新人的时候，我不知道如何照顾植物，老实说，那时我连自己都照顾不好。然而，当我走进一家温室咖啡馆看到"植物吊灯"的那一刻，我知道我的生活中需要植物。"植物吊灯"是我起的名字，实际上它们是大型的鹿角蕨。美丽而茁壮的鹿角蕨就像传统的吊灯一样悬挂在咖啡馆桌子的上方，虽然不会发光但是充满了生命的力量。从那一刻起，我决定要把植物带入我的生活，并以创造性的方式用它们装饰家居。

要想使悬挂在桌子上方或大厅中央的植物看起来繁茂强壮，不仅要选对悬挂植物，也要选对植物容器。2011年，那些挂在桌子上方的鹿角蕨让我感到非常震撼，不是因为鹿角蕨是我从未见过的植物，而是因为它悬挂在桌子上方的方式。正是这种意想不

项目用时

45 分钟

到的打破传统的方式，让如此常见的植物变得如此充满野趣。我着迷于打破传统，这也成为我用植物进行空间软装时遵循的原则。

正是基于要打破常规的原则，我决定用独木舟模型来制作一个植物吊灯。把一艘1.8米的独木舟作为花盆，种上各种热带植物，比如龟背竹和蔓绿绒（见108页"组合盆栽"），然后把它挂在餐桌上方，打造出一个郁郁葱葱的植物穹顶。这是一个表达自我的作品，同时也是一个适合开启聊天的话题。我从2011年看到的那家咖啡馆得到启发，以一种与人相处的方式来与植物相处，把生活和艺术以非传统的方式无缝结合在一起。虽然你家里可能没有空间在餐桌上方悬挂独木舟，但我希望这个项目能激励你打开思维，创造出适合自己的植物吊灯。

材料

① 木制容器，比如船形容器或酒箱

② 植物和土壤

③ 清漆

④ 4 个弹簧扣，大小和颜色按个人喜好

⑤ 4 个羊眼钉

⑥ 2 个膨胀螺丝管

⑦ 链条或绳子，用于悬挂植物吊灯

工具

① 厚塑料膜，厚垃圾袋也可

② 钉枪和钉子

③ 刷子

④ 电钻与直径 6.5 毫米的钻头

1

首先要确定你想在家里的什么位置安装植物吊灯，以及悬挂多高。然后测量从天花板到悬挂位置的距离，购买绳子、链条或者其他你想用来悬挂植物吊灯的材料，注意要比实际需要的长度长一点，给自己留出试错的空间。我选择了金属链条，可以与柔软的绿植和木材形成质感上的对比。

2

选择容器，不同的容器能传达出不同的感觉。可以使用防水的硬木，如白色或红色的橡木，或者使用像雪松一样防虫的木材。我用了一个曾用做工业模具的木制容器。

3

在容器底部钻洞作为排水孔，确保植物吊灯可以适当排水，避免积水过多导致烂根。

4

用抹布擦去木屑和灰尘。

5 ——————————

用刷子均匀地涂上一层清漆，使木制容器
能够更好地防腐。

6 ——————————

根据容器内部尺寸切割出一块大小合适的厚
塑料膜。

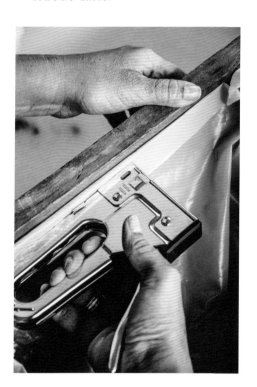

8 ——————————

打通排水孔上的塑料膜。

7 ——————————

折好塑料膜，用钉枪沿着容器边缘钉好。
塑料膜能够保护木材不被水泡坏，也有助
于多余的水流向排水孔，而不是木材中的
孔隙。

9 ——————————

选择要放在容器里的植物。如果使用不同的
植物，确保它们需要相同类型的土壤和湿度
水平。本案例中选择了2棵'玛利亚'万年青、
1棵'银湾'万年青和1棵春羽。植物根系
之间至少保持5厘米的距离。

10

选择适合植物的配方土,本案例使用的是 80% 的配方土和 20% 的珍珠岩。将植物种到容器里。

11

将一对羊眼钉牢牢地拧入容器的两端,确保牢固。用弹簧扣将羊眼钉和链条的一端连在一起,扣好弹簧扣。

12

将第二对羊眼钉通过膨胀螺丝管牢牢地拧入天花板,用弹簧扣将羊眼钉和链条的另一端连在一起,扣好弹簧扣。由于容器、土壤和植物本身的重量较大,所以制作植物吊灯最重要的事是保证安全性。

准备好在下一次晚宴上让你的植物吊灯惊艳亮相吧。当需要给植物吊灯浇水时要慢慢地浇,并在下面放一个碗或其他容器接住流出来的水。别浇太多,以免容器变得太重,从天花板上掉落下来。

玻璃微景观

我对玻璃微景观很着迷。透明的玻璃容器中蕴含着一个个绿色的小世界，满足了我儿时的幻想。当我还是个孩子的时候，我经常梦见自己像电影《亲爱的，我把孩子们变小了》里的孩子们一样被缩小了，一会儿骑在蜜蜂的背上飞行，一会儿跳过蚂蚁的下颌。微景观创造了美丽的小世界，如同具有生命的雕塑，外面罩上玻璃容器使其更像一件正在被展示的艺术品。不同的玻璃容器可以产生不同的风格效果。我更喜欢去旧货店、寄售店和跳蚤市场搜寻老式玻璃容器制作玻璃微景观。我甚至见过用复古的法压咖啡壶、透明灯泡、水族箱、台灯制成的玻璃微景观，非常震撼，非常野趣。寻找充满个性、吸引眼球的容器确实是制作与众不同的植物微景观的第一步。

玻璃微景观的美在于它们创造的生态系统。制作封闭式玻璃微景观时，你不必担心浇水的问题，因为它会创造自己的气候，

白天凝结在封闭容器上的水汽，随着夜晚的到来会汇集成水珠回到土壤中，保持内部湿度不变。在个别案例中，封闭式玻璃微景观甚至多年不用浇水。因此，对于喜欢欣赏植物生长之美但没有时间每周浇水的植物爱好者来说，封闭式玻璃微景观能完美满足你们的需求。

项目用时

20~45 分钟，取决于玻璃微景观的类型和容器的大小

封闭式玻璃微景观的土壤会始终保持潮湿，建议选择适合在潮湿的土壤中生长的植物，比如蕨类、海芋、肖竹芋都是不错的选择。

对于开放式玻璃微景观，冷凝水自我调节系统并不适用。所以，要像照顾其他的植物朋友一样，必须按照固定日程浇水，浇水频率取决于微景观里的植物类型。如果玻璃微景观里有热带植物，一周至少喷水一到两次。

当为家庭设计玻璃微景观时，首先应该明确的事情是，家里是否有合适的光照条件。虽然有一些植物能在弱光下长得很好，但明亮的非直射光能让所有的植物茁壮成长。避免阳光直射，因为当炙热的直射光线进入玻璃容器时，会使内部空间升温，使土壤干燥，进而杀死植物。当然，即使有了完美的光照条件，也要把玻璃微景观当作孩子来照顾。花费心血创造的微景观小世界当然需要好好展示，如果可能，悬挂起来是一个好主意，但我更喜欢把它们放在基座或绿植架上用来迎接客人的到来。在任何一个家庭中，玻璃微景观都可能成为最吸睛的亮点。

设计理念

考虑到玻璃微景观在大多数情况下需要通过喷雾来保持湿润，因此要将其放在容易拿取的、有明亮的非直射光的地方，不要放在架子的高处、更大的植物后面，或者需要梯子才能够到的地方，并且将玻璃微景观最美的正面展示出来。

材料

① 不同种类的苔藓

② 植物，具体可参考下面的案例

③ 玻璃容器

④ 盆栽土

⑤ 小石头

⑥ 园艺木炭

⑦ 小摆件

⑧ 玻璃胶（可选）

工具

① 长镊子

② 长剪刀

③ 平沙铲

④ 园艺喷壶或长嘴喷壶

空气凤梨玻璃微景观

空气凤梨是一种非常神奇的植物，无需土壤就能生长。只要有合适的光线，空气凤梨可以放在任何地方。我最喜欢做的就是把它们当作装饰品，点缀在家里的树上。为什么只有圣诞树可以装扮，我的琴叶榕也想要更多的爱。空气凤梨是制作玻璃微景观最好用最常用的植物之一，一是因为它们非常喜欢潮湿的环境，二是因为它们不需要种在土里，浇水的时候拿取非常方便。

下面是制作空气凤梨玻璃微景观的具体步骤，非常简单。

1 ————————————
找到适合放置空气凤梨的玻璃容器。装饰容器的底部，因为不使用土壤，你可以自由发挥想象力和创造力。我把小石头铺在容器底部。如果你和孩子一起做，可以把乐高放在底部，看起来很酷。

2 ————————————
添加苔藓。苔藓没有实际的用途，只是为了装饰，所以你可以任意发挥，觉得怎么合适就怎么造型。我感觉加了苔藓之后更像灌木丛。

添加其他能突出你的独特风格的元素。我想要
制造一点海岸的感觉，所以在小石头上放置了
一小块漂亮的漂流木。

4

最后根据容器的大小，放入不同数量的空
气凤梨。就像做设计一样，要营造和谐的
感觉。数量和大小恰到好处，空气凤梨在
容器里就会显得既舒服又闲适。同时我让
它们延伸出来打破玻璃容器的硬线条。在
这个案例中，我选择了一棵小精灵空气凤
梨和一棵小蝴蝶空气凤梨，它们在大小和
形状上的差异创造出我想要的自然感。

悬挂风灯微景观

正如你将在"营造氛围的小物品"（见 111 页）中读到的那样，蜡烛能使空间更温暖、更有活力、更有情调。越来越多的人喜欢回家后点上一支蜡烛，因此市场上也出现了许多精美时尚的蜡烛防风灯罩（风灯），既可以安全地安放蜡烛，又可以装点空间。从悬挂风灯的设计，我看到了除了照明之外的用途：作为玻璃微景观的容器。只要用心观察思考，生活中的很多器皿都能用来制作玻璃微景观。悬挂风灯之所以能成为制作玻璃微景观的完美容器，一是因为它带有把手，可以悬挂起来，上升到人们的视平线，更容易被欣赏到；二是因为大多数悬挂风灯都带有玻璃门，可以根据放置在其中的植物选择打开或关闭，很好地展示里面的微景观。

我选择了一棵楔叶铁线蕨和一棵'曼德拉'海芋，两者的养护需求相近，可以混合种植在同一个容器中（见 108 页"组合盆栽"）。东向窗户上斑驳的光线提供了植物茁壮生长需要的完美光照。因为这两种植物都喜欢湿润的环境，所以每周至少浇水两次，每隔一天喷雾一次。

1

预先清洗容器，去除内壁的污点。一旦植物种植到容器里，再想清洗容器就比较困难了。

2

接着在容器底部铺一层小石头，用平沙铲摊平，创造一个良好的缓冲区。这个区域是为了留存多余的水分，避免植物的根系浸在水里。

3

在石头上面铺一层园艺木炭，增强缓冲，同时有助于减少杂质积聚。

放入盆栽土。我想在玻璃微景观里建一个山丘，所以把更多的盆栽土放到了容器的后部，形成前低后高的层次。然后确定植物的位置，把植物从盆中取出，轻轻地抖落掉根系上的土壤，放到预计的位置上，并用盆栽土覆盖根部。最后用平沙铲将土层抹平。

4

将苔藓薄片剪成合适的形状铺在植物周围，形成草地，并制造出地形变化。接着放入其他苔藓。

5

添加大石头、形似倒下的树的木头，让整体更像一个真实的小世界。最后放入一个小摆件，我放了一只小麋鹿，创造野外的氛围！完成后把它放在家里或者办公室能保证植物获得足够光照的地方。

沃德箱微景观

如果你读过我的第二本书《植物风格2·如居在野：绿植达人的森林家居营造秘诀》，你就会知道我对温室的热爱。我参观过世界各地的很多温室，从英国伦敦的邱园到加州旧金山的花卉温室，无一不令人惊叹。温室的神奇之处在于用玻璃和金属构成的建筑物容纳了来自世界各地的稀有植物。我对温室的痴迷可能缘起于纳撒尼尔·巴格肖·沃德发明创造的沃德箱。沃德箱最初的设计意图是作为植物储藏箱，将活体植物从一个地方运输到另一个地方。今天，除非你是植物发烧友，否则可能没见过它们。我自己就是植物发烧友，所以家里必须有一个沃德箱。

沃德箱由玻璃和金属制成，有着旧式维多利亚风格，就像是家里的微型温室。每个植物爱好者都无法抵挡它的魅力！沃德箱提供了一个发挥创意的空间，你可以在里面放入更多的植物、更多的装饰元素，创造更多的野趣！沃德箱没有足够的深度直接种植植物，需要将植物种在花盆里然后放入其中展示。我选择了'蓝星'金水龙骨、文竹、孔雀椒草、翠叶竹芋和全缘贯众，它们需要的养护条件相似，组合在一起造型非常好看。

1 ————————
与其他玻璃微景观不同，因为植物直接种在花盆里，所以底部不需要缓冲区。花盆一定要有排水孔，将盆栽土装入花盆的三分之一。

2
—————————
将所有植物从旧盆中挖出，疏松根系的土壤，轻轻地放入花盆，以一种既美观又使每棵植物都能接收到光线的方式排列好。

3
—————————
继续填土，填到距离花盆边缘 2.5 厘米的位置。

4
—————————
如果沃德箱是完全封闭的，那么不必考虑浇水的问题。但是，如果你发现玻璃内侧没有水汽凝结，那就意味着需要每隔几天喷雾一次，也许还需要正常浇水以保持土壤湿润。

玻璃烧瓶微景观

使用烧瓶制作玻璃微景观或繁殖植物是很有意义的。烧瓶可以在旧货店、古董店，还有网上买到。我喜欢用烧瓶来扩大繁殖家里的室内绿洲。不同形状的玻璃烧瓶使它们得以区分彼此。烧瓶往往比其他玻璃容器更脆弱，所以把它们放在不容易被人和宠物碰倒的地方（这些年来我们的猫已经撞翻了不少植物朋友）。

我想制作一个藤蔓从烧瓶口伸展出来的微景观，藤蔓随着生长沿着烧瓶垂下。根据烧瓶的大小，我选择了有着小而精致的叶子的灰绿冷水花，植物在容器内部既不会拥挤，又能够正常生长。

1 —————————

清洁玻璃烧瓶。轻轻地在底部放一层小石头，创造一个良好的缓冲区。这个区域是为了留存多余的水分，避免植物根系浸泡在水里。因为烧瓶很小，所以只需要摇一摇就能把石头铺平。

2 —————————

园艺木炭不是必需的，但如果你愿意，可以添加一层。再将盆栽土填到容器的三分之一。

3 ────────

把植物从盆里移出，疏松根系的土壤，轻轻地放入烧瓶，并用镊子调整植物造型。

4 ────────

再加一点土壤覆盖根部，并将表土压实。

5 ────────

给植物浇水。对于窄口容器，一定要控制好浇水量，不要让底部被淹。可以将筷子或细木棍抵到容器内壁，沿着筷子慢慢地倒入水，这样就可以准确地控制植物的浇水量。

丛林主题手绘墙

在过去几年里，随着室内植物和亲自然设计越来越受欢迎，产生了许多创造性的模糊室内外界限的方法。将植物引入室内空间是主要方法之一。另一方面，在时装设计、家居装饰、艺术品中各种植物元素也大为流行，深受大家欢迎，在进行亲自然设计时，除了有生命的植物，也可以运用这些人工的元素。可以是人造植物，也可以是丛林的意象，还可以是实木餐桌。这些事物能唤醒你关于度假时光的记忆和期盼，让你感受到平和或兴奋。而且并不是每个人都有专业的植物知识和照顾植物的意愿，所以为什么不给这类人提供一种方式，让他们既能增添家中的生命活力，又不必为照顾植物而焦虑。

我联系了我的好朋友德鲁里·拜纳姆——一名画家、导演、全能的艺术家，请他帮忙设计了一幅丛林主题的手绘墙，让植物爱好者可以在家里自己创作。为了使不同艺术水平的人都能完成，我们通过数字编号来明晰绘制步骤，让工作变得容易。为了再降低难度，我让德鲁里使用了一套色彩数量有限的配色方案。首先选择三种基本颜色：白色和一深

项目用时

3 天，视规模而定

一浅两种绿色。当然，你也可以不选择绿色，比如你希望你的丛林手绘墙的主色是灰色，就选择白色、浅灰色和深灰色。选定了三种主色后，接下来用这三种颜色创造一系列渐变色。因为涉及到混合颜料，所以需要提前准备好工作服。德鲁里和我讨论了手绘墙中应该绘制哪些类型的植物，我认为叶子越大越好，形状要像龟背竹或者琴叶榕一样简单。作为艺术家，德鲁里太棒了！当他和我分享手绘墙草图时，我的下巴都要惊掉了，我相信你也会的。这就是为什么我如此兴奋地与大家分享这个项目。

我喜欢这个项目的挑战性和参与性，它不会困难到让你把颜料扔出窗外甩手不干。挑战性在于你需要对所做的每一个动作、所画的每一笔都有深入的思考。这也是一个完美的团队项目。如果你有一个闲暇的周末，想做点儿有趣的事，这是一个适合与家人或朋友共同完成的项目。每个区域都有编号，每个家庭成员可以选择一两个数字，大家一起完成。下面是根据数字绘制丛林手绘墙的步骤。

材料

①3罐5升的颜料，分别为白色、浅绿色和深绿色

② 炭条

③ 美纹纸胶带

工具

① 平头笔刷：16号、10号、6号

② 记号笔

③10个1升的带盖子的容器

④1个4升的容器，用于混合颜料

⑤ 投影仪

⑥ 盖布，尺寸取决于墙的宽度

⑦ 水桶，用于清洗笔刷

⑧ 抹布

⑨ 搅拌棒

注：线稿见164~165页，可以通过165页的二维码下载PDF文件

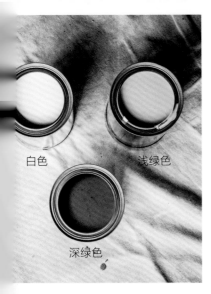

白色　　　浅绿色

深绿色

1 ————————

确定手绘墙的主色。本案例使用绿色调的配色方案，所以选择了浅绿色和深绿色，当然还有白色。这是我们的三个主色，不一定要选择绿色，你可以使用任何喜欢的配色方案。

2 ————————

清理墙面。擦掉灰尘或碎屑，清理表面的破损，用沙子和腻子填补孔洞，然后刷底漆。最好刷白色或中性色调的底漆。

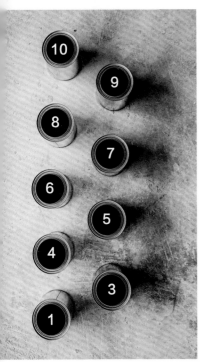

3 ————————

混合颜料之前，准备10个1升的容器，在每个容器上粘贴美纹纸胶带，并用记号笔从1到10进行标记，一定要把盖子也标记上。先把2号容器放到一边，因为最后才混合。把剩下的9个容器排成两排：第一排是1号、4号、6号、8号和10号容器，第二排是3号、5号、7号和9号容器。

4 ————————

小心地打开3罐基本色的颜料，用搅拌棒搅拌颜料，按照白色、浅绿色和深绿色的顺序倒入1号、6号和10号容器。

5

创建混合色。将 1 号和 6 号容器中的白色和浅绿色颜料倒入 4 升的容器中充分混合后倒满 4 号容器。将 4 号容器中的颜料倒入 3 号和 5 号容器各一半(0.5升)。再将混合容器中剩余的 1 升倒入 4 号容器。

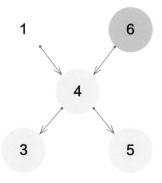

6

用白色颜料填满 3 号容器，用浅绿色颜料填满 5 号容器，并用搅拌棒将颜料充分混合。

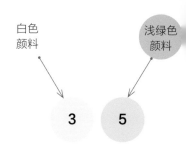

7

清洗 4 升的混合容器，用白色和浅绿色颜料填满 1 号和 6 号容器。将 6 号和 10 号容器中的浅绿色和深绿色颜料倒入 4 升的容器中充分混合，并倒满 8 号容器。将 8 号容器中的颜料倒入 7 号和 9 号容器各一半 (0.5 升)。再将混合容器中剩余的 1 升倒入 8 号容器。

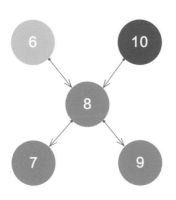

8

用浅绿色颜料填满 7 号容器，用深绿色颜料填满 9 号容器，并用搅拌棒将颜料充分混合。

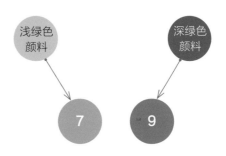

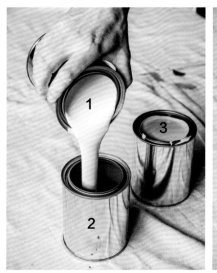

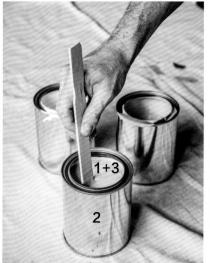

白色
颜料

2

3

9

用深浅两种绿色的颜料填满 10
号和 6 号容器。由于 1 号几乎是
纯白色，3 号是一个较深的绿色
（对我们所选择的壁画的颜色来
说），因此需要一个更接近白色
而不是绿色的 2 号颜色。这就是
为什么要先留出 2 号容器。将白
色颜料倒入 2 号容器的 90%，
剩余的用 3 号颜料填满，并用搅
拌棒将颜料充分混合。盖好每个
容器的盖子。

**注：2 号颜色是云的颜色，1 号
颜色是云上的高光。**

10

有趣的部分开始了！用投影仪把图像投在墙上，建议使用 4K 投影仪，以获得清晰的线条。为了投影效果更好，尽量让房间暗一些。用炭条沿着线条描画出轮廓，确保所有形状都是包含单个颜色的封闭区域。边画边标记数字。

注：在线稿中，每一个形状都被分配了一个数字。在某些地方，你可能觉得没有必要完全标记出来。例如，在上面的这幅图中，植物后面的水和海岸线被标记在枝叶之间。如果你能轻松地看出图中的前景和背景层，可能会觉得没有必要标注出每个数字。

11

选择对应数字的罐子里的颜料填充色块，画的时候尽量把炭条的痕迹遮盖住。炭条的痕迹与颜料叠加在一起会有影响，但不明显不会被注意到。继续画，直到绘制完整面手绘墙！

注：颜色越深的地方，需要叠加的层数越多。笔刷的笔触可以为手绘墙增添不一样的质感。为了获得最佳的色调，推荐叠加两层颜色。

大家可以在 Instagram 上找到德鲁里·拜纳姆（@drurybynum）。

空气凤梨花环

冬天是做花环的季节，大多数情况下，它们是秋冬季节不可缺少的节日装饰。如果追溯花环的历史，它们曾作为罗马帝国时代胜利的象征。在近几十年中，花环设计已经进入更多的领域，常作为门前或壁炉架上方的空间装饰。当我还是个孩子的时候，我和妈妈住在小公寓里，从来没有真心觉得有必要在门上挂一个花环，但现在我长大了，我认为花环和门前的欢迎地垫一样重要。家门前漂亮的花环就像礼物上的美丽蝴蝶结，或者美丽颈项上的珍珠项链，或者是展示你最喜欢的植物的完美花器。

大多数花环是用会随着时间推移而枯萎的鲜花或者保存完好的干花制成，鲜少使用能长久保持生命力的盆栽植物制作。单单把花盆连着土壤和植物的根固定到花环上，就很难实现，想制作出具有特别的艺术造型的美丽花环就更加不可能了。

我的妻子喜欢花环，她要求我做一个，可以在温暖的春夏季挂在我们的门上或壁炉架上面。这是一个完美的机会让我将更多的绿植带回家，而且不让我的妻子因此而心生埋怨。

项目用时

1 小时

考虑到春天和夏天的巴尔的摩非常潮湿，并且在发挥装饰作用的同时还能继续保持生长，我认为没有比空气凤梨更好的植物选择。当你希望通过一些小植物来提升新鲜感时，空气凤梨是如此适合。它们不需要种在土里，重量很轻，可以点缀家里的小角落，而且空气凤梨喜欢湿润，完全适合用来制作春夏的花环。当然，就像所有的室内植物一样，要确保为它们提供适当的养护，所以安置它们之前请先考虑好家里的光照和湿度。我住在一个春夏季非常潮湿的地区，所以如果把空气凤梨花环挂在门上，就不需要频繁浇水或喷雾了。但对于不同气候地区的家庭来说，情况或许会不一样（更多关于空气凤梨养护的信息见 161 页）。如果你也想制作一个春夏季的装饰花环，可以参考我下面制作空气凤梨花环的方法。

材料

① 空气凤梨：多国花、卡比塔塔、犀牛角

② 花材：玉兰枝 3 枝、干蒲苇 4 枝、干兔尾草 20 枝、干金槌花 2 枝

③ 直径 50 厘米的金属环　④22 号花艺铁丝　⑤ 绳子　⑥ 花艺胶带

⑦ 挂钩、钉子或无痕挂钩，用来悬挂花环

工具

① 铁丝剪　② 剪刀　③ 喷雾瓶　④ 热熔胶枪（可选）

2 ————————
摆放第一层花材，本案例将蒲苇作为整个布局的背景。用铁丝剪剪一段 7.5 厘米的铁丝，将蒲苇缠绕在金属环上。

1 ————————
金属环放到干净的台面上，把空气凤梨和其他花材放到构想的位置上先看看效果，对后面的操作和完成后的样子做到心中有数。尽情发挥你的想象力和创造力。我准备将一棵大型的多国花空气凤梨作为花环的主体，因为这个空气凤梨非常突出且具有结构感。

3 ————————
固定好蒲苇之后，顺着蒲苇延伸的方向放置多国花空气凤梨。剪一条 30 厘米的绳子，将空气凤梨的底部和金属环小心地缠绕在一起。空气凤梨外层的叶子更干燥，能更好地抓住绳子。

4 ————————
剪一条 15 厘米的绳子，穿过空气凤梨的中间部分，松松地捆绑在金属环上。并在前端几片叶子周围松松地绕一圈打上结。剪掉多余的绳子。

5 ————————

将玉兰枝放在空气凤梨周围。剪一段 7.5 厘米的铁丝将玉兰枝紧紧缠绕在金属环上。另外的两枝玉兰枝重复同样的操作。

6 ————————

将20枝兔尾草像制作花束一样聚拢成一束，形成上重下轻的结构。拉开花艺胶带增大黏性，缠绕固定兔尾草花束。

7 ————————

将兔尾草花束放在开始固定蒲苇的地方，剪一段 7.5 厘米的铁丝紧紧将兔尾草缠绕在金属环上。

8 ————————

剪一段 45 厘米的绳子，紧紧地缠绕兔尾草、蒲苇和金属环，绳子末端打结固定。这有助于让花环看起来更整齐更美丽。继续整理，剪掉多余的枝干、铁丝和绳子。

9 ————————

添加点睛之笔。我用两枝金槌花来增添一抹亮眼的颜色。将金槌花穿过其他花材，并使用花艺胶带、花艺铁丝或者热熔胶枪固定。空气凤梨花环就完成了！

10
————————
用喷雾瓶给空气凤梨补水，使它们得到所需要的水分。如果你把花环放在室外，而你生活的地区气候干燥，那么至少每天需要喷雾加湿一次。最后用挂钩、钉子或者无痕挂钩将空气凤梨花环安全地固定到门上，享受它长久的陪伴！

第二章
植物养护
与布置技巧

　　在过去的几年里，绿植爱好者社群迅速发展壮大，这是我迄今为止感到最幸福的事。我生活的城市植物爱好者寥寥无几而且距离遥远，能看到这么多志同道合的人聚集在一起，有着将植物带入室内的共同爱好，这是一件多么美好的事情。在与植物相处的过程中，我们意识到和所有生物一样，植物是有生命的，而生命是脆弱的，因为这种脆弱，我们更要尽最大的努力让家里的植物有最好的生活，能够自由生长。为了实现这个目标，我们尝试了各种从书上读到的和亲友传授的技巧。作为新手植物父母，这些他人已经总结出来的经验至关重要。当我刚开始植物旅程时，如果没有亲友传授技巧，可能无法跨过植物养护的这道门槛。这些技巧看上去虽然简单，但具有创造性，有些真的非常有效。它们能帮助你维持植物的欣欣向荣，也能以你想不到的方式赋予植物格调。

　　本章将为大家列举每个植物家长都应该了解的植物养护与布置的技巧，例如如何将不同类型的植物组合到一个容器中（制作组合盆栽），如何对盆土表面进行装饰，如何为花盆设置合适的排水系统等。这些技巧能帮助你更好地照顾植物，也能让你的室内园艺生活更具乐趣。下面给大家分享这些充满创意的技巧！

鲜切绿植

几乎没有什么东西能像鲜花一样，能在视觉和嗅觉上双重装点空间。就像圣代上的樱桃或蛋糕上的彩糖，鲜花是为空间增光添彩的最后一笔。最近，花艺设计变得非常受欢迎，花艺师们发挥创造力打造出我称之为"鲜花雕塑"的瓶插——从花瓶中绽放的艺术品，无论是餐桌、工作台还是窗台上，都可以看到花朵在瓶中展示它们的美丽。虽然我一直喜欢帝王花，但从来都不是花艺的忠实粉丝，我很少购买鲜切花带回家，原因是花朵今天还非常鲜活有生命力，到了明天就可能枯萎了。剪下来的花寿命很短，在片刻的享受后，就像火焰燃烧的余烬一样飘散四方。我更倾向于用生机勃勃的盆栽植物来打造温暖怡人的空间，因为通过适当的养护，它们可以年复一年地保持活力，这意味着源源不断的生机。春夏季是收获时刻，盆栽植物以开花作为礼物来奖励我们提供正确的水和光照。

除此之外，我开始考虑以鲜切花的方法从植物上剪取枝条，在花瓶中进行插制造型。这样它们不仅可以在水中继续生长，而且最终可以在新花盆中生根安家。对，我说的就是水培繁殖。

从植物上剪取枝条，并将它们创造性地插入容器中，可以设计出美丽的枝条花艺作品。开始之前你需要了解一些关于植物繁殖的知识，主要是搞清楚在植物的哪个位置进行剪切，以及了解适宜剪枝生长的光照条件，最后是选择合适容器。下面就来分享几个制作枝条花艺作品的小技巧。

掌握在哪里进行剪切

切茎。这种繁殖方法适用于许多藤蔓类植物。蔓绿绒或球兰都可以通过切茎法繁殖。剪切的参考部位是节点，节点是植物茎上的小凸起。对于蔓绿绒来说，节点是每片叶子和茎相接的地方，对于球兰来说，整条茎上都有节点。用锋利干净的剪刀剪下带有一个或几个节点的枝条。将这段插条放到水中，确保节点被水淹没，从这个节点就会生出根来。某些藤本植物没有明显的节点，比如薜荔、爱之蔓，则可以在藤蔓上的任何地方剪切，注意要去掉下方的叶子，不要将叶子浸入水中。过一段时间节点就会出现，从这些节点处会生出根来。

切顶。 这种繁殖方法适用于木本植物。从琴叶榕到橡皮树，从龙血树到榉木，任何株型的木本植物都可以用这种方法繁殖，重要的是知道剪切哪一部分枝条能取得最佳效果。从树枝坚硬的木质部开始，向上，直到变成有点棕绿色的地方。从那个地方一直到新长出的顶端，都是可以截取的部分。选择这一部分枝条水培繁殖的成功率是 90%~95%。用锋利干净的剪刀以 45 度的角度剪下枝条。这种角度的剪切能让更大的表面积接触到水，有更高的生根率。剪好之后将枝条插入水里。参考切茎植物的节点，对于切顶植物，要确保插条的切割部分始终浸入水中。

切叶。 这种繁殖方法不像其他两种方法那样常用，因为没有多少植物能从一片叶子开始繁殖。能成功使用这种方法的植物有椒草、虎尾兰、雪铁芋和各种多肉。方法很简单，要达到最佳效果就要选择绿色的叶片进行剪切。因为这些植物通常都是绿色的，所以可以选择任何你喜欢的叶片。用锋利干净的剪刀以 45 度的角度剪下。这种角度的剪切能让更大的表面积接触到水，有更高的生根率。剪好之后放入容器中，确保切割部分始终浸入水中。

选择容器

透明玻璃容器。 透明玻璃容器是最好的，因为能够获得更多的光照，有利于枝条更快地长出健康的根，水开始变浑浊时，也能更容易发现。为了确保枝条和根的健康，水一变浑就要更换。

茶色玻璃容器。 茶色玻璃容器也是一种很好的育苗器皿，也允许光线进入，但不如透明玻璃的效果好，无法分辨水是否变得浑浊。为了植物的健康，建议每周换一次水。

不透明容器。 如陶器或瓷器，会让植物看起来更有质感和格调，但生根的时间更长。

光照

寻找正确的光照条件。 足够的光照才能确保枝条不仅能够成活，而且能长出健康的根。最好的光照是明亮的非直射光，枝条根系生长最快也最健康。中等的非直射光也不错，但生根需要更长时间。如果将枝条放到弱光区域，成功率就会降低。即使枝条存活，也需要更长的时间才能生根。唯一需要避开的是直射光，直射的阳光会加热容器中的水，杀死根系，也会灼伤植物的叶子。

现在，带着这些知识，制作一个枝条花艺作品来营造你想要的空间氛围。枝条生根后就可以移栽新的植物宝宝，丰富你的植物收藏。

自制盆栽土

你可能没有意识到盆栽土对植物有多重要，让我告诉你——非常重要。植物移栽一般有两个原因，一个是要给植物施肥，另一个是植物根系生长超出了盆的极限。当你把新植物带回家时，盆土里已经含有植物接下来几个季节生长需要的营养和肥料。所以，一般来说，新购买的植物在第二年春天之前没有必要进行施肥。一段时间后，土壤中的养分逐渐被植物吸收，以及因为浇水而流失，需要进行额外的补充。有些人喜欢直接在土壤中添加肥料，也有些人喜欢给植物更换新的土壤。新鲜的土壤可以给植物根系提供营养，或者说是植物需要的食物。所以更换土壤是植物移栽的一个原因。但总的来说，大多数人每年都换盆的原因是因为植物长得越来越大，原来的花盆不再满足生长的需求。那如何判断何时需要换盆？很简单，当植物的根系从花盆的排水孔中钻出来时就是该换盆的时候了。换盆的时候不能随便从植物商店里抓一袋土，也不能随便用仓库里剩下的土。了解植物品种和习性很重要，不同的植物需要不同类型的土壤。

使用错误的配方土可能让你的植物走上不归路。比如，我们都知道仙人掌是一种沙漠植物，它喜欢干燥，所以需要栽种在能够快速干燥的、透气性良好的花土里。市面上有仙人掌和多肉植物专用土出售，但可能还需要额外添加一些东西来帮忙加速干燥土壤。对于蕨类这种喜欢湿润土壤的植物来说，道理是一样的。你绝对不能给蕨类植物和仙人掌使用同样的配方土，一个可能会因为水分不足而旱死，另一个则可能会因为水分过多而涝死。记住，土壤的湿润程度能帮你判断植物什么时候应该浇水，所以给植物提供正确的配方土是关键。为了帮助大家正确地给植物提供需要的土壤，下面我会专门针对常见植物如何配制完美的盆栽土给出建议。

珍珠岩

营养土

泥炭土

蛭石

改良盆栽土

在盆栽土中添加树皮既能使土壤变肥沃，又有助于植物根系的呼吸。对于需要保持土壤湿润的植物来说，树皮是盆栽土的完美补充。

盆栽土中可添加的成分

珍珠岩。你可能在袋装的营养土中看到过这种白色的小颗粒。我喜欢买整袋的放在家里随时备用。珍珠岩有助于水分从土壤中流出，能改善土壤的排水性能。如果盆土变得太紧实，浇水时排水不良，就可以试试添加珍珠岩。

营养土。为了满足植物生长专门配制的含有多种营养的通用土壤。

泥炭土。这是一种含有植物分解物的混合土壤，非常适合需要保持土壤湿润的植物。泥炭土有助于保持土壤中的水分，并在浇水之后逐渐释放水分。

蛭石。比珍珠岩更轻，颜色为浅棕色，混合到土壤中时不会像珍珠岩那样醒目。蛭石在提高土壤透气性、改善排水性的同时，还有助于保持水分，因此是一种很好的添加成分。如果盆土变得太紧实，浇水时排水不良，可以试试添加蛭石。

树皮。主要是切碎的树皮，既有助于改善土壤的透气性和排水性，又能像泥炭土一样能保持水分。

特定植物的盆栽土配方

蔓绿绒和榕树

比如琴叶榕、孟加拉榕、橡皮树、绿萝、‘红刚果’蔓绿绒、戴维森尼蔓绿绒等。

在给这些植物换土时，我会提前准备好一袋有机营养土。由于蔓绿绒和榕树大多喜欢盆土潮湿一两天然后上半部分变干，因此我的配比是80%的营养土+20%的珍珠岩。这是基于使用陶土等多孔透气材质制成的花盆的情况。如果使用的是釉面陶瓷等保水性能好的花盆，我会再增加10%的珍珠岩来促进土壤排水。

蕨类植物和竹芋

比如软树蕨、楔叶铁线蕨、青苹果竹芋或彩虹竹芋等。

对于这些喜欢土壤保持均匀湿润的植物，我的配比是70%的营养土+20%的泥炭土+10%的蛭石或树皮。这类植物更适合致密材质制成的花盆，如果要用多孔透气的花盆，请记住需要更频繁地浇水。

仙人掌或多肉植物

比如秘鲁天轮柱、虎刺梅、玉树或虎尾兰等。

对于喜欢土壤保持干燥的植物，我会使用仙人掌和多肉植物专用土。大多数情况下，在专用土中添加少量珍珠岩有利于排水。仙人掌和多肉植物在多孔容器中长得最好，如果想把它们种在釉面陶瓷、塑料、玻璃等容器中，需要在专用土中添加更多的珍珠岩。

驱虫

当把新植物带回家后，经常会发现有一两只虫子，这是"把户外带入室内"的一部分，就好像白色衣服上总是有污渍一样司空见惯。这也是为什么我被多数植物爱好者咨询的第一大问题就是如何对付虫子。有因必有果，植物和虫子就是这样的关系。有些虫子对植物的破坏是致命的，而另一些则是小小的困扰。当然，不管怎样，我们最好尽最大的努力在问题变得严重前出手解决。下面提供一些方法来控制爬行或飞舞在植物周围的害虫。

新植物

你可能已经在家里养了好久的植物，然而突然有一天，害虫来袭。你刚从植物商店带回来的那株植物可能就是罪魁祸首。当带回新的植物朋友时，最好仔细地检查一下。要把你的植物当成宠物。就像把小狗从散步的草丛里带回来进入家门前，你会检查小狗身上是否有异物，你也需要检查那些植物上是否有虫子。不能因为是从专门的植物商店购买，就认定没有虫子。在购买之前，一定要检查叶子的表面、背面，以及土壤表层等看起来不属于植物的部分，有些虫子在植物上四处活动，而有些虫子则是一动不动，很容易被忽视。如果你不确定看到的是不是虫子，可以请求工作人员的帮助。控制虫子的第一步是，确保不要把虫子带回家。

定期检查

虽然每一位植物家长都应该做好应对虫害的心理准备，但虫害不会一夜之间突然爆发。并不是第一天有一个虫子，第二天有两个虫子，然后第三天突然就冒出一千个虫子。实际情况不是这样的。但如果你不注意植物，那么虫害就会悄然发生。最好的方法是每周至少检查一次，让植物保持无虫害。如果你希望植物生机勃勃而不是被红蜘蛛等虫子包围，这项工作是必须要做的。当你检查的时候，再多做一步——把叶片擦拭干净。或者每隔一周做一次这项工作，既能防范虫害，也能清理掉叶片上的灰尘。去除灰尘可以帮助叶片吸收更多的光，使它们充满活力，光泽自然。有时，我会在 4.5 升温水中滴一滴温和的餐具清洁剂，浸湿柔软的布擦拭叶子，然后用干净的布擦干叶片。温和的清洁剂能防范和杀死虫子。

雪松木

植物具有自我防御机制。当你剪下蔓绿绒的叶子时，它会释放一种气味，以警告周围的其他生物。这也是为什么雪松具有驱虫的功效，雪松会释放出一种白蚁、蛾子、蚊子和蚋不喜欢的气味。当你想要清除花盆中的虫子时，一个简单的方法是把雪松木锯末甚至铅笔屑放在盆土表层上。没错，我们都用来写字的木头铅笔还可以用来驱赶植物周围的虫子。我喜欢使用铅笔屑，一方面是因为我削铅笔后会产生很多铅笔屑，可以废物再利用，另一方面是因为这看起来很酷（见 090 页"铺面装饰"）。

底部浇水

从植物的底部浇水，可以在不打湿叶子和表土的情况下让土壤和根系吸收水分。蚋等许多虫子喜欢潮湿的土壤，如果从底部浇水，花盆的表土就不会很湿，就能减少植物周围的虫子。从底部浇水时保证盆底浸水30分钟即可，30分钟后需要处理掉多余的水或把植物从积水中移走。

主动吸引

这是一个经常被人们传授的老办法。在处理少量讨厌的蚋时，在表土或植物附近放置一个装满苹果醋或剩咖啡的小瓶盖。当植物的土壤变干，这些液体将吸引蚋赴死。

打造排水系统

没有托盘

我的橡皮树和玉缀（翡翠景天）安稳地坐在工作室的窗台上，呼吸着新鲜空气。因为玉缀没有托盘，所以需要拿到水槽里浇水和沥干。

如果你在社交媒体关注我，看过我的植物养护视频，或者读过我以前的书，可能已经不止一次地听我说过花盆上有一个排水孔是多么重要。我在这里还要重申一遍：花盆上的排水孔是植物健康生长的关键。我要让这件事"钻"进你的脑子里。排水孔能让多余的水从盆底流出，这样根系就不会因为被淹没在水中而腐烂，避免植物因此死亡。你不是植物杀手，你是植物爱好者，对吧？作为植物爱好者，我们必须确保我们的植物朋友或者植物宝宝——无论你怎么称呼它们，得到恰当的照顾。因此选择一个带有排水孔的花盆是重点。

现在植物变得越来越受欢迎，带动了各种各样美丽时尚的花盆的生产。但是，很多花盆都没有排水孔，这点让人非常疑惑。相信我，我和你一样沮丧。如果你的花盆没有排水孔，那么就需要自己钻一个。我知道你在想什么：你可能想用石头和木炭在盆底创造一个缓冲区，给植物浇水时，水就会穿过土壤和根系进入缓冲区，防止根系浸在水里。好吧，如果读过我的第一本书《植物风格1·绿意空间：绿植软装设计与养护》，你知道我会认同这个好办法，但这并不是万无一失的方法。水确实会通过土壤和根系进入缓冲区，但是如果某一个时间内，水的蒸发速度不像之前那样快，当你按以往的频率浇水的时候，水就会漫过缓冲区，到达根系所在的地方。这不是我们想要的。创造一个排水孔是最好的方法，这样就会有一条水从花盆里流出的明确通道。

下面有一些有用的建议。

创造一个排水孔

1 找一个适合你的花盆材质和排水孔大小的钻头。

2 安全第一，确保佩戴好护目镜。

3 把花盆翻过来，用美纹纸胶带在打算钻孔的地方做一个十字标记。胶带不仅能为钻孔位置提供参考，而且有助于防止花盆钻裂。

4 将钻头对准十字的中心，开始钻孔。注意不要太过用力。如果在稍微用力的情况下还钻不进去，检查一下用的钻头是否正确。

5 钻好孔之后，清除碎屑，移除胶带，准备栽种你的植物！

我知道一些人现在会说："嗯，希尔顿，我的花盆太贵了，我不能冒险在上面钻一个可能会导致花盆开裂或完全碎掉的孔！"我完全理解这个顾虑。所以，你可以参考 092 页"免打孔的漂亮花盆"，将植物和育苗盆一起放在昂贵的花盆里，该浇水时，就把它从昂贵的花盆里拿出来，放到水槽里、浴缸里，或者任何可以给植物浇水的地方，在那里浇水，并把多余的水控干，然后再放回没有排水孔的花盆里。不管怎样，重要的是不要让植物的根系浸泡在水里。

托盘

一旦排水孔被制作出来，接下来你就需要考虑用什么来收集流出来的水。希望不是你的木地板或地毯。因此你需要一个托盘。很多时髦的花盆都没有排水孔，如果你自己制作了排水孔，你就需要给它配一个托盘，当然你不希望这个托盘破坏花盆和植物的美感。我建议可以使用好看的餐盘、曲奇饼干盒作为你的花盆托盘。老实说，托盘可以是任何一个边缘凸起可以蓄水的东西。作为一个崇尚循环再利用的人，我知道橱柜里的那些旧盘子和点心盒一定能派上用场。我还会去二手店和跳蚤市场购买合适的托盘。好了，记住，水流入托盘后保留 15~30 分钟，给土壤和根系一些时间继续吸收水分。30 分钟后，如果托盘里还有水，把植物拿下来，倒掉水，然后再把植物放回托盘上。

铺面装饰

　　植物是演出的明星，花盆是植物的演出服。如果想让你的植物一举成名，除了确保植物本身看上去赏心悦目，还需要用不同材料覆盖盆土表层使植物脱颖而出，这样做还可以帮助植物健康生长。铺面装饰非常考验创造性，同时还要考虑植物的品种和特性。可以使用乐高积木或弹珠作为装饰材料，对于更追求时尚的人，还可以考虑使用亮闪闪的水晶。

石头

　　石头是最经典的铺面材料之一。我相信大家都见过，但自己没有亲自尝试过。你应该试试！特别是对于沙漠植物，如仙人掌、多肉或者虎尾兰，石头与它们搭配在一起非常和谐。大多数情况下，沙漠植物是垂直生长的，导致土壤大面积暴露，所以为什么不用更漂亮的东西在表土上装饰一下，以提升它们的外观呢？将石头与沙漠植物搭配在一起的另一个原因是，沙漠植物比其他植物需水量更少，你不需要经常给它们浇水，因此也不需要经常移开石头用手指检查土壤湿度。总的来说，石头是非常好的饰面材料，能使沙漠植物脱颖而出，并且作为天然材料也能将更多的自然感带入家中。

苔藓

　　驯鹿地衣、泥炭藓和灰藓等苔藓不仅可以用于玻璃微景观，装扮盆土表层也可以达到惊艳的效果。这种材料建议用于喜欢湿润土壤的植物，因为苔藓有助于保持水分，对于不耐潮湿的植物来说并不合适。用苔藓饰面是一种简单又快速的方法，还可以给家里带来更多的绿色。永生苔藓有很多不同的颜色和形态，可以尽情地发挥你的创意。

用过的陶盆

　　如果你养猫养狗，可能会有被兴奋的毛孩子撞翻植物的记忆。我们家的情况就是如此。也有一些时候，植物生长迅速，根系会穿过排水孔与花盆紧紧缠绕在一起，因此想要不破坏根系移栽植物的唯一方法就是打破花盆。但我不会把碎盆扔到垃圾桶里，而是把它洗干净，然后用锤子敲打成更小的碎片。这些碎片就可以作为饰面材料。陶土是一种多孔材料，会将水分从土壤中吸走。因为这个原因，我只把它用于喜欢土壤保持干燥的植物。这是一种非常酷的循环利用碎花盆的方式，同时让植物具有独特的铺面装饰！

　　如果你有一只喜欢挖土或者把花盆土当厕所的宠物，碎花盆用作铺面材料就会有额外的好处，你的宠物将对花盆不再感兴趣，植物能保持漂亮有型，地板上也不会出现土壤或者垂死的植物了。

免打孔的漂亮花盆

　　植物软装并不是随意地将植物放到家里的某个位置，它是通过设计让空间变得更有活力、更有风格。因此，不仅要挑选适合空间的完美植物，还要挑选完美的花盆。大家应该无数次听我说过花盆的排水系统以及容纳流出来的水的托盘是多么重要。但有的花盆本身非常完美、漂亮，搭配托盘会破坏花盆的美感。那么问题就来了，是把植物放在一个没有排水孔的花盆里，还是要把水浇得正好不会产生积水？每当要使用没有排水孔、没有托盘的独立花盆时，我会用两个小技巧来避免水流到地板上，同时确保植物具有适当的排水系统。但这些技巧都要通过把植物留在育苗盆里来实现。

把托盘藏起来

　　这个方法操作起来很简单。不要把植物移栽入花盆，而是留在育苗盆里。然后在花盆里面放一个托盘，再把植物连同育苗盆放进去。这样，植物就放在美丽的花盆里，并且看不到托盘，因此外观更干净、更有型、更时尚。给植物浇水时，同样浇到水流入托盘为止，但不要让水留在托盘里超过 30 分钟。30 分钟后如果托盘里还有水，就需要处理掉。这意味着必须把植物和托盘从花盆里拿出来，把多余的水从托盘里倒掉。如果植物太重拿不动，可以将毛巾放在托盘上吸干水分，或者用吸管吸出水分。

建立缓冲区

使用没有排水孔的花盆时，可以在花盆底部用石头或砖块建立一个缓冲区。把植物留在育苗盆里，然后放到铺有石头或砖块的花盆里。给植物浇水时这个缓冲区将为多余的水提供一个去处。记住，不要让太多的水积在花盆底部，你肯定不想让植物坐在水池里。这个技巧也能帮你把较小的植物放在较大的花盆里。随着时间的推移，植物在花盆里可以很好地生长。这个技巧的优点在于，不仅能更好地使用没有托盘的花盆，而且移动植物也更容易。

免打孔悬挂植物

用尽可能多的植物来填满我们的家，这是植物家长最大的愿望。我们尽可能寻找创造性的方法展示植物，其中一种方法是把它们悬挂在空中。但悬挂植物可能会导致家里的墙壁和天花板上到处都是孔洞。因为一直生活在租住的公寓里，不能随心所欲地在墙上打孔，让我在悬挂植物时如何避免在墙上打孔这件事上经验丰富。下面让我分享一些免打孔悬挂植物的实用方法，保证让你的租房押金安全地退回。

窗帘杆

窗帘杆的安装孔已经钻到墙上了，为什么不把你的植物挂在上面呢？我知道你可能会想时不时地拉上窗帘，但为什么不用一个"活"的窗帘呢？对我来说，这是一个遮挡窗户，阻止外面不必要目光的完美方式，同时也为我提供了悬挂绿植的地方。不需要我在墙上打任何新孔，还能让植物享受充足的光照。但是必须确保窗帘杆可以支撑挂在上面的植物的重量。为了看上去更时尚一点，我使用了S挂钩，一端挂在窗帘杆上，另一端悬挂植物。你可以在网上或植物商店里买到这种挂钩。

伸缩杆

　　伸缩杆是项伟大的发明，不用打孔，随时拆卸，还能承受很大的重量。从第一棵植物开始，我就一直用伸缩杆协助日常养护。我在厨房水槽上方装了一根，植物浇完水后悬挂在上面沥水，还在天窗下安装了一根，悬挂在天窗下的植物可以帮助遮挡太阳升到最高时射进房子里的光线。

链条或绳子

　　在屋子上方固定的金属管道或横梁上悬挂链条或绳子，也可以避免在墙壁和天花板上打孔。当然，必须是牢固地连接到建筑物主体的结构管道和横梁，而不是消防灭火系统和水暖管道等。一旦确定了可用的横梁，就可以开启悬挂植物世界的大门。使用链条的好处是很容易固定，并能通过连接扣轻松调整植物的高度，而且还可以在一根链条上悬挂多个植物。建造室内绿洲时，我们遵循的理念是尽量减少对居住空间造成破坏。

磁力挂钩

　　如果你的家中有外露的金属横梁，磁力挂钩将改变游戏规则，你需要做的就是把钩子吸附到金属表面，磁力将完成其余的工作。磁力挂钩既可以不用打孔就能悬挂起各种各样的植物，也可以在浇水的时候轻松移动植物。推荐购买负重 10~45 千克的磁力挂钩，可以应用在任何有金属表面的空间，还能保持外观的整洁。

制作滤光装置

当然所有的植物都需要光，但有些植物不喜欢阳光直射，尤其是午后的阳光直射。因此有必要设置遮光装置保护植物的叶子免受直射光的伤害。这就是为什么温室的玻璃天花板下面总是有一层薄薄的磨砂玻璃或贴膜。这些滤光装置有助于分散直射光，降低光照强度，形成均匀稳定的、明亮的非直射光。

如果你家被午后的直射阳光笼罩，而植物就位于其中，那么你就需要打造一个滤光装置来保护它们。记住，强烈的直射光会灼伤枝叶，甚至杀死植物。

这里分享几个在家里 DIY 滤光装置的方法。

磨砂玻璃或贴膜

为了保护隐私，人们通常会在卫生间安装磨砂玻璃的窗户。具有磨砂功能的贴膜也可以起到同样的效果。如果你家里有一个靠近窗户的专门区域用于放置植物，就可以给那扇窗户贴膜，营造出温室的感觉。安装磨砂玻璃或贴膜是一项长期投资，柔和的光线和健康的植物就是最好的回报。

气泡膜

　　气泡膜不仅可以用来保护脆弱的物品免受邮寄过程中的损坏，还可以用它来保护植物免受直射光的伤害。当然，不是用它们包裹枝叶，而是要将气泡膜平铺在窗户上并固定好四周，或者制作一个气泡膜的支架。气泡膜很便宜，能够分散强烈的阳光，打造植物喜欢的光照条件，而且可以随时拿开调整光线，最终保证植物茁壮生长。

纱帘或百叶窗

　　使用纱帘或百叶窗是最常见和更适用的方法，好处是可以轻松控制进光量。如果窗户朝西，可以早上收起窗帘，下午再打开。

再利用

有意识地在别人眼中的"垃圾"中寻找宝藏再利用，对我们星球的健康是非常重要的。别误会，我和大家一样，也喜欢闪亮的新东西，但有能力用有创意的方法赋予一件旧物第二次生命岂不是更酷。我的个人风格是一点复古混搭一点新潮，我觉得两者的平衡非常有吸引力。在布置自己的空间时，我会尝试再利用那些闲置无用的或者即将被当作垃圾扔掉的东西。比如，用旧调料架作为育苗容器制作的育苗墙；将跳蚤市场购买的老式虎头木雕作为放置空气凤梨的容器。有时候，你只需要多思考一小下，就能发现一个旧物品可能具有的潜力。再利用不仅让旧物品发挥新的生命，还让空间更加独特。下面提供几个旧物再利用的方法，能帮助你将家里打造成充满宝藏的室内丛林。

玻璃容器

对我来说，每一个玻璃容器都有成为育苗容器的潜力。为什么这么说？因为育苗需要的全部材料仅仅就是植物枝条和一个装满水的、干净的玻璃容器。当看到一个旧瓶子或透明玻璃花瓶时，我能想象它容纳植物枝条时的样子。玻璃容器的优势在于形状多样。从科研领域使用的玻璃烧瓶到盛放饮料的玻璃瓶，它们都有自己独特的美。植物繁殖属于生物学范畴，把枝条放在烧瓶里的感觉恰到好处。使用旧饮料瓶的原因是，瓶身上通常带有标签，可以提供不同的色彩或怀旧感。但也许旧饮料瓶的外形不是你想要的，你更喜欢优雅或现代感的容器。相信你的橱柜里一定有很少被使用但保存很好的玻璃容器，例如，我家有比一般家庭都多的香槟酒瓶，为了形成新旧混搭，我会拿香槟酒瓶作为育苗容器。有了这么多不同类型的玻璃容器可供选择，你可以全力以赴打造独属自己的育苗架。

育苗盆

　　大家购买的植物幼苗几乎都是种在塑料育苗盆里的。植物来自农场，从小就被种在这些盆里，长大后再送到各地的植物商店或苗圃。大多数人会立即把植物移栽到新花盆里，并把塑料育苗盆扔进垃圾桶，但我会把它们留下。第一，它们是移栽生根后的枝条的完美容器；第二，种植在育苗盆中的植物更容易移动。当植物长得超出育苗盆时，我会把它移栽到更大的育苗盆里，而不是买一个新的大花盆。这对那些拥有大型植物的人非常有帮助，育苗盆比陶瓷或陶土花盆要轻得多，人们能够更容易挪动植物（见 106 页的"植物搬家时的准备工作"）。如果你不想让植物留在育苗盆里，移栽植物后，可以把育苗盆送回购买植物的商店或苗圃。我相信它们在那里能被重新利用。

瓶插枝条

将从植物上剪下的枝条插入旧容器中，是给家里增添一抹色彩的简单方法。图中我们将'勃艮第'橡皮树的枝条插在香槟酒瓶里。

锡铁罐

今天我们购买的大多数商品都是用纸盒或塑料盒包装，而过去最常用的是锡铁罐包装。从咖啡到饼干，所有的东西都装在印着标签的锡铁罐里。那个时代已经过去很久了，在许多中古店和旧货店里还能看到摆在货架上的锡铁罐。为什么不给它们一个家，把它们点缀到你的室内丛林里呢？这些罐子可以成为完美的花盆。当然，记得要在底部钻排水孔（见087 页"打造排水系统"），如果钻孔困难，可以用石头和园艺木炭在罐子底部打造缓冲区。使用锡铁罐的好处是，它们能从其他容器中脱颖而出，还可以通过罐子上的标签展示个人情怀。我们城市曾经有一个酿酒厂，我将这个啤酒厂的旧啤酒罐作为花器，虽然对其他人来说这没有什么意义，但对我来说它是家乡的一种骄傲。

陶瓷花瓶或杯子

　　和透明玻璃容器一样，有很多陶瓷制品可以回收用于种植植物。无论是碗、茶杯、马克杯还是陶瓷花瓶，都可以成为种植容器。陶瓷制品外观比锡铁罐更干净和优雅，但在底部钻排水孔比较困难，这时可以在容器底部用石头和园艺木炭创造一个缓冲区。我用一个形状像穿着内衣的女士的旧马克杯种植仙人掌。杯子已经很有态度，把仙人掌放入之后像是在说："你可以看，但绝对不能碰。"这看起来非常有意思。

提升植物高度的技巧

在养植物后你是否成为了更好的自己？我的答案是肯定的。在与植物相处中，我得到了提升。不仅仅是养护植物的水平，还有在空间中布置植物的技巧。在《植物风格1·绿意空间：绿植软装设计与养护》中，我提到了如何用植物打造层次感，这里我想更深入一些。除了使用常见的高台，比如餐桌或厨房岛台，将植物放到一个更高的空间外，还可以利用身边的小物品让植物脱颖而出。我会尽量考虑如何给每种植物最合适的"曝光"位置，这里的"曝光"既是"亮相"的意思，也是字面含义"处于光线下"。即使两棵大小完全相同的植物，通过制造小的高度差，将其中一棵放在稍高的平台上，也会使其更加醒目。这很适用于窗台上或角落里的植物。下面提供几种可以提升植物高度的方法。

石板

为了垫高植物的高度，我曾在旧货店买过大理石等不同材质的石板。有时候，朋友家装修剩下一些石材，我也会带一块回家用于摆放植物。使用大理石或石板最棒的地方是给植物增添了结构和色彩，而且不像多孔的木材会透水，能保护下面的台面。生活中还有许多其他材质的基座可供选择，我甚至看到有人把植物堆放在空心砖上。

旧书

　　我见有人把蜡烛堆放在《植物风格1·绿意空间》上。哈哈，其实是我干的。不管怎样，吸收完书里的知识后，与其让它们散落在家里，不如重新利用成为植物的基座。在旧书店和旧货店可以淘到很多旧书，它们能搭建出你喜欢的造型。我的书可能是唯一得到作者授权可以用作植物基座的，当然是在你吸收了所有的知识后。

木砧板

　　如果你像我一样喜欢举办派对，我相信你会拥有好几块木砧板。木砧板有许多很酷的形状和大小，可以为奶酪和烤肉提供完美的摆盘。但是，木砧板有使用寿命，总会有"现在是时候扔掉它们了"的时刻到来。与其扔掉，为什么不把它们重新定位成小型植物基座呢？我将它们堆在窗台上，把植物放在上面。既减少了浪费，同时又给家里创造一个新的景观。有时我甚至等不及砧板变得粗糙不能切东西，就会直接采购很酷的新的砧板将它们作为植物基座。

短期外出时的植物浇水

在第三章，我谈论了关于外出度假时有一个植物保姆的必要性，特别是你打算在外地多待几天的时候。但在这节，我会教大家一些短期外出时不需要有人也能完成给植物浇水的方法，这些方法也适用于养护喜欢湿润环境的需水量较大的蕨类或者肖竹芋，可以帮助你从每天浇水中解脱出来，获得一点儿自由。下面是两个在外出时给植物浇水的方法。

滴灌渗水器

使用滴灌渗水器帮助植物朋友补充水分的操作相当简单。你需要准备一个滴灌头和一个空瓶。滴灌头是一种插入土壤中可以慢慢地往外渗水的装置，有塑料、玻璃，甚至陶土材质的。我喜欢使用陶土质地的，因为它们和陶盆非常匹配。把滴灌头插入土壤，在瓶里装上温度适宜的水，迅速翻转，瓶口插入滴灌器中，注意防止水外溢。水将通过滴灌头慢慢地渗出，进入土壤和植物根部。这样当你外出时植物的土壤可以一直保持湿润。滴灌头真是伟大的发明，价格便宜，能够在大多数园艺商店和网上买得到。我还会尽量考虑瓶子的颜色和形状，避免影响整体空间的格调。

绳子戏法

制作这个装置需要一个装满水的容器、一些纱线或绳子、剪刀、一个小重物如石头，还有一支筷子。首先将容器装好水，计划离开的时间越长，需要的水就越多。然后剪一段纱线或绳子。一定要剪得足够长，要能从盛水的容器底延伸到花盆的中心。绳子的一端紧紧地绑在石头或小重物上，把石头放进盛水的容器里。绳子另一端打一个结，将这个结放到盆土上，用筷子把绳结按入盆土中。你的工作就完成了，是不是很简单！

接下来就是物理学发生作用的时候了，毛细作用即将开始，水将沿着绳子慢慢地渗入土壤。也可以将绳子插入花盆的排水孔里，在给不需要表土潮湿的植物补充水分时我会这样做。

植物搬家时的准备工作

随着收集的植物越来越多，随着植物在家里逐渐找到合适的位置定居下来，如果不得不面临搬家，那么需要做的准备工作将变得非常复杂。这是我目前非常关心的问题，因为我即将面临搬家，不得不收拾打包 200 多棵植物。其中有我的好朋友弗兰克，一棵 4 米多高从 2014 年开始养的琴叶榕。我得到弗兰克的时候还住在路易斯安那州的新奥尔良，在那里我把他从一个房间搬到另一个房间。2015 年春天，我们收拾行装，搬到了现在居住的马里兰州的巴尔的摩。我在此之前一年才成为一个专职的植物家长，所以我并不知道如何为这次搬家做好恰当的准备。我不仅要和弗兰克一起离开，还要带着其他 60 多棵植物。这简直是雪上加霜，但幸运的是每棵植物都安全地来到了新家。在这次搬家过程中，我详细记录下了如何更好地准备和打包植物，以便我再次搬家时效率更高、准备更充分。以下是我关于如何为搬家而准备和打包植物的建议。

需要提前考虑的事情

保持盆土干燥。搬家之前必须要做的一件事是让盆土干燥一些。这意味着，如果计划一个星期之后搬家，最好从现在开始减少或不浇水，这样盆栽就会更轻，更容易运输。土壤湿润的花盆会使搬运更加艰难。如果某些植物需要湿润的土壤，试着在土壤中放一个滴灌头和装满水的瓶子，将有助于保持土壤湿润，又不会太湿太沉。

育苗盆

你可能会很兴奋地把新买回家的植物立刻移栽到新盆里，但其实新朋友留在育苗盆里可能更好，特别是当你租房子住随时需要搬家的情况下。植物在塑料育苗盆里会长得很好，在根系从排水孔中钻出来之前，不需要移栽换盆。塑料育苗盆比陶瓷盆轻得多。上次移动陶瓷盆中的琴叶榕造成的混乱延长了搬家时间。从那之后，在为可能不会租很长时间的工作空间添加植物时，我会把植物留在育苗盆里，然后放进一个更大的花盆里。这样，需要搬走的时候，就可以把植物拿出来轻松地移动。

打包植物

包好花盆。首先要保护好花盆，使用气泡膜包裹花盆使其免受磕碰。接下来，用塑料袋或塑料布紧紧地包裹在花盆顶部，并用胶带粘牢，确保土壤不会漏出来。注意不要封住排水孔，保证植物的根系还能呼吸。

聚拢枝干。许多大型植物一直在家里享受着美好的生活，肆意伸展。但现在你不得不把它们从家里搬出来，装进卡车，搬到新地方。为了避免枝条折断，最好的方法是用绳子将所有枝条轻轻地向内聚拢到一起捆扎好。这样能让枝干更多地向上而不是向外伸展。

保护枝叶。枝干捆绑好后，接下来就是保护枝叶不被撕扯、刺穿，或者在某些情况下不被晒伤。用一张足够大的牛皮纸包住植物四周，所有的枝叶都包好后，用胶带固定。当在比较寒冷的季节搬家时，这也有助于保护枝叶免受霜冻。

时机就是一切

最佳的搬家时间。虽然不能预测我们什么时候必须从一个地方搬到另一个地方，但植物搬家的最佳时间是春天和秋天。当气温在 18~30℃ 之间时，暴露在户外对植物危害较小。长时间暴露在低温或高温下会严重伤害植物，持续时间过长还可能导致植物死亡。

植物待在车厢内的时间。搬家的时候，计算下植物需要在车厢里待多久。如果是夏天或冬天搬家，长时间待在车厢内植物可能会被热坏或冻坏，注意采取相应的降温或保暖措施。如果要搬到很远的地方，中途停车休息的时候，记得为植物摇下窗户打开门，不仅可以促进空气流通，还可以给植物一点儿光照。老实说，带着许多植物长途旅行最安全的方法是雇用专业的植物搬家服务团队。如果你认为不能保证在搬家过程中让植物朋友们平安到达，把它们送给朋友或家人也不错。

最后，希望你能搬到一个有很多南向空间、光照更好的房子里。我为所有人祈祷。

组合盆栽

在将植物引入室内的事业中，我发挥个性和创造力的一种方式是在同一个容器中组合种植风格类型不同的植物。这值得一提！你可以把龟背竹和'大理石女王'绿萝、'小天使'蔓绿绒和'粉红公主'蔓绿绒种在同一个容器里！你知道当把所有这些植物种在同一个花盆里时会发生什么吗？好吧，我告诉你。答案很简单，就是让你的朋友们羡慕！这还不够吗！朋友们来到你家，看到种植在同一个花盆里的这一组惊人的绿植，这是他们之前根本没有想到的，想想是不是很激动？但是为了收获这样的乐趣，你必须知道哪些植物可以在同一个容器里共同健康成长，它们是否适应同样的光照和同样湿润程度的土壤。所以，当把植物组合种植在同一个容器里时，要选择志同道合的植物。例如，仙人掌、多肉植物和虎尾兰以及雪铁芋可以放在同一个花盆里，肾蕨和竹芋可以放在同一个花盆里。一旦对植物习性有了比较深入的了解，使用起来就能更加得心应手！

我在工作间里种植了一盆组合盆栽。在种植前，我考虑这些植物不仅在颜色上要和谐，而且养护水平要一致，能够和谐相处。并且，我设想随着时间的推移，一些枝叶向上生长，一些向下爬到花盆的边缘，看起来非常有趣。最后，我选了'红刚果'和'柠檬汁'两种蔓绿绒。蔓绿绒是蔓生植物，可以看到它们沿着花盆边缘向下悬垂生长。在垂直方向上，我选了一棵金边龙血树。这三种植物都喜欢半干的土壤，把它们放在同一个花盆里是完全可以的。

我喜欢的植物组合

1. 龟背竹 + 戴维森尼蔓绿绒 + 羽叶蔓绿绒

2. 翡翠珠 + 弦月 + 玉缀

3. '勃艮第'橡皮树 + '红刚果'蔓绿绒 + '粉红公主'蔓绿绒

4. 楔叶铁线蕨 + 肾蕨 + 薜荔

5. 西瓜皮椒草 + 孔雀椒草 + 豆瓣绿

6. 七彩竹芋 + 彩虹竹芋 + 青纹竹芋

我的工作间

在工作间种植一些植物是很有必要的，这有助于激发创造力。在我家的工作间里，我把脾性相投的不同植物混合种植在同一个花盆里。

上盆

像移栽植物一样，确保新花盆的直径比目前的花盆或育苗盆大至少 5 厘米。将所有植物都放入新盆中确认空间是否足够大。如果它们可以完美地适应新花盆，就可以开始添加适用于这些植物的种植土了。

蔓绿绒和龙血树喜欢透气性良好的土壤，所以我用了 80% 的营养土和 20% 的蛭石或珍珠岩。然后把植物从育苗盆里拿出来，轻轻地疏松土壤和根部，并小心地放入新花盆里。因为'红刚果'的体型较大，所以我将它放在花盆的后面，为'柠檬汁'留出生长所需的光照和空间。继续添加种植土，拍紧但不要太实，清理干净被弄脏的叶子，将种植好的组合盆栽放在恰当的地方，最后浇透水。现在就可以跟朋友们炫耀了！别担心你的朋友会妒忌，他们只会更喜欢你。

营造氛围的小物品

如果你读过我的书，或者见过我设计的任何一个家，你就会知道我有为空间创造氛围和情感的强烈信仰，进入这个空间的人会立即感到平静或舒适。氛围将我们所有人联系在一起。无论是通过正在播放的音乐、空气中弥漫的气味、蜡烛燃烧发出的光芒，还是绿植的造型，"氛围"能渗透到整个空间，让空间中的人感觉到某种连接。归根结底，营造氛围的理念是让空间感觉更温暖、更有生机和活力。

可以通过燃烧一些鼠尾草，播放一些音乐，或者在房间里点燃几支蜡烛来改变家里的氛围和能量。至少对我来说是有效的，但不同的人感受会不一样。比如，绿檀香燃烧时看起来都一样，但它释放的气味可能会触发每个人独特的记忆。对我和我妻子来说，在家燃烧柯巴脂会将我们带回墨西哥的图卢姆，我们在那里举行了婚礼仪式。在仪式上，萨满点燃的柯巴脂净化了空气，同时也赶走了蚊子。记忆中的画面是柯巴脂的烟雾在丛林中飘浮，在蒲葵的叶片上旋转，描绘出阳光的轨迹。当朋友们来访时，点燃柯巴脂，他们会和我们一起重温那次旅程，也会重新触发独属于他们自己的记忆。这就是营造氛围的意义。

灯串

灯串不仅仅能装饰圣诞树或给露台照明。将一串串灯饰点缀到家里的绿植之中能营造出特别的氛围。温暖的灯光为绿植增加了一些亲近感，同时营造出派对的感觉！

蜡烛

　　无论是有香味的还是无香味的，蜡烛就是"氛围"的代名词。点燃蜡烛的瞬间，氛围感油然而生。蜡烛在照亮黑暗的空间的同时，还能传递出不同情绪，既可以是失恋时摇曳的伤感，也可以是浪漫的温暖。

鼠尾草

　　点燃鼠尾草的感觉就像是在家里举行一次平和的禅修仪式。不仅有助于净化空气，而且还能驱虫。具象的好处我就不再赘述了，我想说的是，对于更注重精神层面的人来说，鼠尾草有助于消除负能量，可以不时地使用一些。

绿檀香

　　和绿植类似，绿檀木制作的香熏有助于清洁空气。有客人来访时，或者出于某种原因，比如下雨天，我都会点燃它。在我的日常植物养护生活中，点一支绿檀香、播放音乐、照料植物已经成为固定流程。

柯巴脂

像鼠尾草一样，柯巴脂也能用来驱虫，但其最广为人知的功效是净化空气和给人带来正能量。这是我最喜欢在家里点燃的一种香，怎么推荐都不嫌多。

贝壳

旅行时，我喜欢带一些旅途中的纪念品回家，当我在家里看到它们时，总能勾起旅行的回忆。在海滩上度假时，我会收集特别的贝壳。它们能立刻让我想起脚趾深陷在沙子中或者被海水抚过的感觉。除了用它们装饰家居，我还喜欢将它们当成祈愿符、绿檀香的香插，或者空气凤梨的花器。

第三章
给植物的情书

对我来说，用植物进行空间软装的效果，并不取决于植物数量。我不是那类信奉"植物越多效果越好"或"植物永不嫌多"的人。真正能打造出好效果的是你对植物投入的关心。即使只有一株植物也能让寒冷沉闷的空间变得温暖有生机。那么，为什么人们都在用尽可能多的植物填满家里呢？对此，我可能要负一些责任。我曾在书中多次提到我拥有的大量植物，但是要知道这是因为我觉得自己有能力照顾这么多的植物。人们似乎更关注家里的植物数量，而不是对这些植物的养护质量。相信我，这不是比赛，即使你的 500 株植物给你颁发金拇指奖，也不会有人专门来向你道喜。我们要明确一点，植物不是道具。它们不是一双新鞋或一盏老式台灯，而是活着的、会呼吸的、应该被善待和尊重的生命。所以了解如何正确地照顾它们是很重要的。植物没有能力自己走到水槽那里去喝水，或者自己走到更明亮的窗户边获得更好的光线。它们需要你意识到它们的需求，并为它们提供这些必需品。你善待它们，它们自然对你报以回馈。

我相信大多数人都听说过美国宇航局关于植物对室内空间的影响所做的研究。他们研究植物如何清洁空气和增加氧气。但我确信，要让人能够直观地感觉到这些好处，得在一个小空间里放入大量的植物。我用 200 多棵植物环绕 92 平方米的公寓，但回家后从未有过"哇！空气清新！氧气充足！我真高兴有这么多植物！"这种想法。被植物环绕时，我确实感到平和宁静，但这与有多少植物关系甚微。我还有一只名叫查理的大型斗牛犬，当它在家里走来走去的时候，就像一团臭云飘荡在空间里。植物并没有清洁它周围的空气。我们需要通过燃烧蜡烛或绿檀香来清洁家里的空气。

因此我没法说拥有植物的好处是清新空气和增加氧气，因为我感觉不到。能感觉到的好处是，当看到一棵植物茁壮成长时带给我们的能量。看到一棵你花了很多时间照料的植物展开新叶、开出花朵，会让你感觉到一些源自本能的、有力量的东西。对我来说，这很鼓舞人心，因为我知道这是在我的帮助下实现的。我知道什么光照条件、什么土壤、哪种材质的花盆对某个植物最好，然后把这个植物栽种到这样的花盆里，用这样的土壤包围它的根系，并放到这样的光线下。当你看到植物茁壮成长时，你会更加自信和自豪。这种感觉很好。

有人说"植物让人快乐"，但只有当你投入精力先让植物快乐，你才能快乐。植物也会让人伤心。如果看到一棵植物长得不好，我会觉得难过。只要你投入时间和精力，为植物提供它们所需的养护就不是一件难事。世界上并没有天生的"植物杀手"。那些被认为有"绿手指"的人是投入大量精力的人，他们努力提供植物生长所需的东西，并得到回报。

许多植物爱好者在挑选植物时会首先考虑植物的受欢迎程度或稀有程度，然后再考虑植物是否适合空间。他们不会考虑怎样对那株植物最好，而是自私地想着自己的需求。我自己在绿植之旅初期就是这种心态的受害者。在某一刻我突然意识到自己需要做出改变，我应该让家中的光线来指引我该带什么植物回家。然后，我成功了。我知道，进入一家植物商店或苗圃而不带走一株植物是多么艰难。我知道那种感觉，但是，就像去动物收容站，你希望把所有的小可爱都带回家，但你没有。第一，你不想被称为疯狂的铲屎官，第二，你会考虑是否能照顾好这些动物。对于植物也一样，要力所能及地选购。一旦你把植物看作是生命，尽管你非常喜欢软树蕨，但因为你有限的空闲时间和有点健忘，你还是会决定让它留在植物商店，留给一个每天有时间浇水的人，大家都知道，蕨类植物就是幼犬的植物版本，需要花很多精力去照顾。

光的力量

对植物来说，光是一切。光是植物所需能量的最重要的来源。有人认为对于植物来说，水是最重要的东西，但实际情况是，有部分植物在一年中比较寒冷的那几个月里会休眠，在这个时期它们只需要很少量的水。在户外的树木或花园里的多年生植物中可以看到这个现象，鸡蛋花、仙人掌和其他很多室内植物也会休眠。因此，植物虽然需要水，但在一年中的某些时候，有些植物不需要那么多的水。但光就不一样了，所有植物全年都需要同样类型的光照。

你给植物提供的光照条件会决定它的一切。植物获得的光照越多，叶子就会越有活力，从而展现出真正的色泽。在黄金葛上很容易观察到这种现象，光照越充足，金色叶子越多，弱光条件下金色就不那么突出了。光照也有助于开花植物开花。如果想看到虎刺梅开花，就要给它更多的光照。光照也能改变叶子的形状，植物获得的光越多叶子就越大，得到的光越少叶子就越小。比如，龟背竹得到的光越多，叶子就会长得越大，产生的孔洞和裂痕就会越多。是的，那些裂痕和孔洞归功于光照。当暴露在明亮的光线下，龟背竹的叶子长得更大、孔洞更多，目的是为了让光线穿过，确保下面的叶子也能得到足够的光。多么诗意且美好！说到龟背竹，它们是一种开花植物，如果得到足够的光照也会开花。但不要奢望，你可能得住在温室里才能看到这种情况。

让光进来

午后的阳光照耀着伦敦邱园的棕榈园。对温室来说，最重要的是让适量的光线进来。

光是如此重要，我希望从现在起，在选购植物之前，你能先明确要摆放植物的位置，然后让那里的光照条件来指引你选择植物的类型。作为植物爱好者，我们要确保只带回能在我们家茁壮成长的植物，而不仅仅是存活。这很重要，像所有的生物一样，植物也希望寻找一个能展示自己真正潜力的地方。我也曾经是一个植物囤积者，会从植物商店抓起任何我认为很酷的植物，并把它带回家。除了知道需要光和水之外，我对植物知之甚少，于是把植物放到一个"有光"的地方，几天后，植物抓狂了。这也让我抓狂。然后我把植物转移到一个新的地方，植物再次抓狂，如此重复，就像在旋转木马上转圈，植物不断受到伤害，直到我弄清楚原因为止。我的教训希望能对你有所启发。让我们了解家里窗户的朝向，明确可以为植物提供的光照条件，并选择合适的植物进入你家。

下面详细讲解下不同朝向的光照条件，但这些适用于北半球的房子，如果你生活在南半球，方向是相反的。朝北的窗户能提供较弱到中等的间接光。朝东的窗户会提供早晨的直射光，那是一种凉爽且柔和的直射光，对植物来说是没有问题的。但是，不要把西向窗户午后的直射光与上午的直射光混为一谈，午后的直射光较为强烈，对于植物朋友来说，午后阳光的亲吻是残酷的，它会灼伤植物的叶子，产生棕色的斑点，日复一日，甚至会杀死植物。对于那些不能忍受下午暴晒的植物，最好提供某种滤光装置（见096页"制作滤光装置"）。直射光经过滤光装置后会变成明亮的非直射光，

晒太阳

上图中袋鼠蕨悬垂而下，沐浴在傍晚的阳光下。虽然蕨类植物不喜欢阳光直射，但当被早晨直射的阳光亲吻时，它们表现得很好。只要确保不把它们放在下午阳光直射的地方就好。

这是一种适合所有室内植物健康生长的光照，朝南的窗户大多数时候都能够提供这样的光照。如果你还是不清楚明亮的非直射光是什么意思，想象一下多云天气里的田野。太阳位于云层之上，云层如同滤光装置，吸收来自太阳的所有光线，然后重新投射下一种明亮的非直射光。植物在明亮的非直射光中能够吸收太阳光线而不被太阳直接照射。朝东的窗户早晨会接收到直射光，但下午是明亮的非直射光，朝西的窗户上午会接收到明亮的非直射光，下午是直射光。光线类型主要取决于窗户的朝向，以及植物与窗户的关系。

对的植物，对的位置

朝西的窗户上，羽棱柱仙人掌享受着午后的阳光。仙人掌和多肉植物是西向窗户的完美选择，因为它们在直射光下可以茁壮成长。

窗户的大小和窗外的环境也很重要。仅仅有一个朝南的窗户，并不意味着一定拥有明亮的非直射光。那扇窗户外面可能有一棵大树或者朝向一座大型建筑，遮挡了大部分的光。购买植物的时候尽量提供所有这些信息，这样才能让植物商店的导购更好地指导你选择正确的植物。需要提醒大家的是，人们常常说到喜阴植物，其实并没有喜阴植物这样的东西。箭羽竹芋、蕨类、虎尾兰、雪铁芋、绿萝、广东万年青等这些植物，它们不是喜阴，只是耐阴。就像所有其他室内植物一样，它们也喜欢在明亮的非直射光下茁壮成长。作为植物爱好者，我明白想让家里遍布绿植的强烈心情，包括一些阴暗的角落。在这种情况下，雪铁芋就不得不挺身而出了。

花盆

作为一名植物设计师，我把花盆定位为展示植物个性和个人设计品位的礼服或西装。必须要选对花盆。但我说的对并不是说要选一个和抱枕的颜色或壁纸的设计相匹配的。虽然这也很重要，但并不是选花盆时首先应该考虑的事情。在把植物种到花盆里之前，首先应该考虑的是花盆的材质、尺寸等是否有助于植物生长。比如你打算将箭羽竹芋种到一个刚从商店买回来的漂亮花盆里。你因为造型、颜色和质地购买了这个花盆，当然这没有错，这也是我决定购买新花盆时三个主要的参考因素。你把新花盆带回家，认为配上箭羽竹芋醒目的颜色看起来一定很棒。但问题是，你没有考虑到花盆是用黏土做的。黏土、陶土、水泥和大多数木材都是多孔透气的，这意味着水分更容易从土壤中散失，导致土壤更快地干燥。而箭羽竹芋需要湿润的土壤。

艺术品

不同材质的花盆组合可以给植物种植带来创意，给家增加设计感。这里展示了一些我非常喜欢的陶艺家的作品。

蕨类、花烛、海芋也是如此——任何需要湿润土壤的植物品种都不应该种在多孔的花盆中。你应该把这类植物种在釉面陶瓷花盆或塑料盆里，这些容器透气性差，有助于保持土壤湿润。

把所有的多孔材质的花盆留给那些喜欢保持土壤干燥的植物，比如仙人掌、多肉植物、榕树和大多数的蔓绿绒。确保不要把这类植物种在塑料花盆或釉面花盆里。除非你采取适当的方法保证土壤干燥（见081页"自制盆栽土"）。肯定有人会想："为什么不能把仙人掌种在塑料盆里？育苗盆不是塑料的吗？"这是一个合理的质疑。虽然育苗盆是塑料的，但苗圃会给植物提供正确的土壤基质和添加成分，使土壤在塑料育苗盆里一样干燥得很快。因此你看到的仙人掌育苗盆里的土壤通常都保持干燥。所以，如果你打算把仙人掌移栽到釉面花盆或塑料花盆里，要添加透气成分，如珍珠岩或蛭石，帮助土壤更快干燥。一旦了解了花盆材质与土壤的关系，接下来就可以考虑花盆与沙发、抱枕的颜色是否协调了。

黏土盆和陶盆

这类花盆透气性好，浇完水后会使土壤较快地干燥，有利于植物根系呼吸。花盆的黏土从土壤中吸收水分，并保存在黏土中，慢慢干燥。随着一次又一次地浇水，这个过程一遍又一遍地重复，你会发现一些残留物出现在花盆外面，这就是来自水、肥料和土壤的沉积物。

适合种植的植物： 仙人掌、多肉植物、雪铁芋、虎尾兰和酒瓶兰等。

水泥花盆和石头花盆

就像黏土花盆一样，这类花盆多孔透气，使盆内的土壤易干燥，并且非常耐用，使用寿命很长。水泥花盆和石头花盆唯一不足的一点是重量很重。正因为如此，它们常用于户外绿化，用于室内时，可以种植体型较大的植物，非常稳固。我喜欢在室内使用小型的水泥花盆，我喜欢它们朴素的质感和颜色，与枝叶的绿色相映成趣。

适合种植的植物： 琴叶榕、橡皮树、孟加拉榕、羽叶蔓绿绒、丝兰等。

釉面陶瓷花盆和塑料花盆

这类花盆非常适合种植需要保持土壤湿润的植物，因为它们保水性好。对于这类花盆来说，排水孔非常重要，否则很容易导致植物烂根。釉面花盆和塑料花盆色彩丰富，更引人注目。如果要种植喜欢干燥土壤的植物，则需要在土壤中添加有利于排水的成分。

适合种植的植物： 楔叶铁线蕨、文竹、七彩竹芋、彩虹竹芋、青苹果竹芋、'波多拉'海芋。

养猫人 vs 养狗人

有没有听我讲过关于养猫和养狗的区别的故事？把孩子们聚集到壁炉旁，下面是希尔顿·卡特的故事时间！我知道这是一本关于"绿孩子"而不是"毛孩子"的书，但请相信，我保证会把两者联系起来。因为大多数喜爱植物的人都喜爱宠物，所以我相信你一定会对下面的故事感兴趣。我是个养狗人，六年前开始养一只叫查理的狗。我妻子是个养猫人。我们认识的时候，她有两只猫，伊莎贝拉和佐伊。现在我们是幸福地生活在同一个房子里的大家庭，但这不是故事的全部。我想讲的是养猫人和养狗人之间的区别。虽然都是热爱动物的人，但他们往往是出于特定的原因做出不同的选择。

我的妻子喜欢关于猫咪的一切。从它们追逐光线的样子，到它们想要得到关注时的尖叫。有几次我发现她对着猫喵喵叫，她觉得自己能和它们进行沟通。我常常在想，我的妻子爱猫是因为她喜欢猫，还是因为她和猫有着某种共性？相比于养狗，我的妻子无疑从养猫中获得了更多的好处：不仅能保持自由的生活，还得到了来自小动物温暖的爱。比如，我的妻子喜欢睡觉，如果条件允许，她能睡一整天。养猫允许她这样做，她不用着急起床照顾它们，因为猫咪很可能也在睡觉。房子是它们的整个世界。猫不需要到户外去上厕所。养猫人在家里某个角落准备好一个猫砂盆，每天或隔天在空闲的时间去清理就行。所以养猫人可以想睡多晚睡多晚。这不是养狗人的生活。养狗人知道当决定养一只狗时，他们将要面对什么。从此可以和

思考和凝视

上图中我们的猫伊莎贝拉安静地坐着，思考她是否应该在卧室里找一个舒适的地方打盹。右图中我们的狗查理凝视着窗外，希望他能遇到马路对面玩耍的松鼠。

所有的周末懒觉告别了，在大多数情况下必须每天早早起来，带着小狗去散步，每天散个三五次。不管外面多冷或多热，不管是雨天还是雪天，都必须带它们去散步。

猫和狗也是不同类型的进食者。猫似乎明白，如果一次吃不完所有的食物，当它们再回来的时候，食物仍然会在那里，所以养猫人如果有一点健忘，忘了喂猫，还有一点儿回旋余地。我妻子喜欢周末出去度假，在我们出发前，她会留下一大碗食物，几碗水（因为我们的猫喜欢打翻水碗）和一个干净

照顾它们？如果是，你就属于"养猫人"，应该更多地倾向于低维护植物，如雪铁芋、仙人掌、多肉植物、虎尾兰、花叶万年青等，它们不需要太多的关注，更宽容，并且同样能让你的房子里生机盎然。如果你是一个经常旅行的人，可以没有后顾之忧地离开。同样，你要远离蕨类植物、肖竹芋、花烛、海芋和某些棕榈。

如果你属于"养狗人"，打算每天专注照顾植物，那么你可以张开怀抱迎接所有的植物。但你要把持住自己，不能把植物商店的每一种植物都带回家，虽然这有点难。把植物想象成猫和狗，虽然我们想把动物收容里的每一只猫和狗都带回家，但我们不会那么做，我们会考虑自己的家庭环境、工作日程，以及有能力照顾什么，并在此基础上做出决定。在把植物带回家前也请这样做，那么你和你的新植物朋友会过得更好。

宠物和植物并不总是相安无事

室内丛林和室内宠物关系非常密切。你除了应该知道如何根据光照类型选择植物，还需要根据植物对宠物是否有毒来决定能够将哪些植物带回家。我运气不错，养的宠物对植物一点也不感兴趣，但并不是每个人都这么幸运。

的猫砂盆，这几天猫会照顾好自己。对于养狗人来说，就没有这么简单了。猫能把自己照顾得很好，而我的狗狗查理就必须托付给别人，这样他才能得到需要的照顾。所以，总的来说，养狗需要付出更多，需要更多地照顾狗的健康。

和选择宠物一样，在选择植物之前，也必须考虑类似的因素。因为有些植物就像养狗，而另一些植物就像养猫。要有清晰的自我认知，知道自己适合哪一类植物。你是不是一个有点健忘的人，或者只是有喜欢植物的想法，但不想牺牲自己的周末去

植物保姆

在过去的几年里，我和大家分享了家里的植物以及我对植物的热情，有许多人想知道我和妻子外出度假时如何确保植物存活。答案很简单：一旦你的植物家族发展到我们这样的规模，你就需要一个植物保姆。是的，你没看错。植物保姆，听上去有点好笑吧，但如果你不听我的，你一定会哭的。就像你需要一个保姆来照看孩子或宠物一样，你也需要一个保姆来照顾你的植物。就像你在选择孩子的保姆时尽心尽力一样，你也应该付出同样的精力找到正确的人来照顾植物。

我的做法是，在身旁寻找一个不仅关心植物，还关心我的人。无疑这样的人会尽全力来确保植物的健康，因为他们爱你。或者也可以根据他们如何照顾自己家里的植物来做决定。你一定不放心一个和自己的植物都相处不融洽的人来照你的植物。找一个有责任感的人，这个人应该像你一样尊重植物。但是也需要明白，他们知道如何照顾自己的植物，并不一定意味着也知道如何照顾你的植物。他们的琴叶榕和你的琴叶榕可能需要不同的浇水周期，因为放置的位置不同。所以，当你把植物交到他人手上时，先设置好必要的保障。

对我来说，最好的方法是为植物保姆准备一个备忘录，准确地记录哪些植物需要浇水，哪些植物不需要浇水，以及不同植物如何浇水。我相信很多宠物主人都能做到这一点。你一定会告诉保姆给毛孩子多少食物，多久遛一次或者一起玩一次，以及一些简单的禁忌。对植物来说是一样的，除了它们不需要牵出去遛。如果愿意，他们也可以"遛一遛"你的植物，让室内的植物看着窗外植物在微风中摇摆，在斑驳的灯光下跳舞，它们可能会因此而嫉妒。

在打造这个备忘录时，我会尽最大努力使它简洁明了。我会首先画出应该使用哪种浇水壶（如果你是像我这样的植物发烧友，家里可能会有多个浇水壶）。然后用彩色贴纸标记家里所有的植物，把它们归类到不同的浇水组。绿色意味着 7 天浇一次水，蓝色意味着 2~3 天浇一次水，橙色意味着暂时不用浇水。有橙色标记的植物大多是低维护植物，如仙人掌、虎尾兰、酒瓶兰等。这个备忘录将作为植物保姆的行动指南，指导他们不杀死植物，让你回到家时不会抓狂。

育苗墙

育苗墙是我最喜欢的角落。我每隔几天就会补充一次容器中的水,确保根部总是浸泡在水中。

　　另一个让养护变容易的建议是，把习性相似的植物放在一起。比如，如果你有很多仙人掌，当你不在家的时候，不要把它们散布在家中让植物保姆去找，把它们都集中在家里的一个区域，然后告诉保姆这是一个免浇水区。

　　我明确注明了所有的植物的浇水量，即浇到多余的水从排水孔流到托盘为止。这些细节很重要。需要被带到水槽或浴缸中浇水然后再放回原处的植物，以及需要额外注意的特定植物，我都特别标注。在我家需要最多照顾的是育苗墙上的植物宝宝。水一直都在蒸发，这意味着总是需要确认分株的根或插条切割点是否浸泡在水中，所以它比我的盆栽需要更多的关注。

　　最后，虽然我对自己的书写很有信心，但在离家的前一天，我会邀请植物保姆到我家进行一次预演，明确所有注意事项。做好了这些工作，你就不必担心植物朋友们的幸福，可以全身心地享受度假了。和任何操心的父母一样，一旦你开始想念它们，不要羞于让植物保姆分享家中的照片。当然，别忘了给植物保姆带些好东西回来感谢他们，我是不会忘记的！

时刻关心你的植物

长时间外出时要保证植物正常生长，植物保姆是必不可少的，这不仅对植物好，也有助于你精神放松。刚开始养植物时，我认为短时间的离开我的植物不会有事。当我开始有意识地把植物看作生命，我就开始像对待我生活中的其他生命一样对待它们，把给予它们适当的照顾视为己任。

给植物保姆的备忘录示例

使用水槽旁的浇水壶。

浇水标签

- 绿色，每 7 天浇一次。
- 蓝色，每 2~3 天浇一次。
- 橙色，不要浇水。

注意： 慢慢浇水，直到多余的水从排水孔中流出为止。

要点

客厅

给大琴叶榕浇水时，可能需要在托盘中放一条毛巾来吸收多余的水。

门厅

1. 育苗墙属于蓝色区域，需要每 3 天加一次水。

2. 尽管窗户上的大多数植物都是仙人掌，不需要浇水，但请把悬挂植物拿下来在水槽里浇水，控干多余的水后放回原位。

卧室

龟背竹是卧室里唯一要多加注意的，因为花盆没有托盘，所以浇水时请把我放在旁边的小红碗放到排水孔下面。

空气凤梨

把所有的空气凤梨收集到一起放在水槽里，用常温水浸泡 15 分钟，然后放在干燥架上，控干多余的水后放回原处。

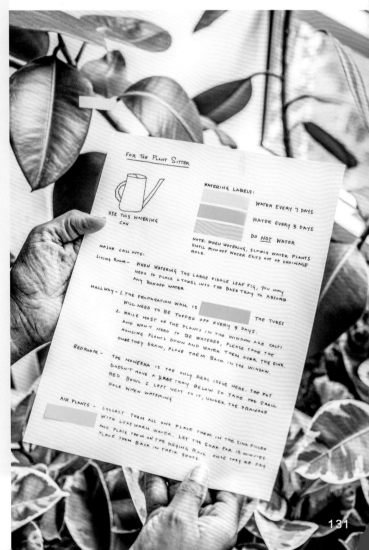

爱的语言——与植物对话

你有没有好奇过人类带回家的第一棵室内植物是什么？我花了很长时间盯着我的植物思考把户外植物带到室内的想法是如何产生的，这个过程很有趣。我想象一个叫希尔顿的原始穴居人，坐在他的洞穴里，里面有一个恐龙骨咖啡桌和一张棕榈树沙发。他坐在那里吃他的绿叶沙拉时，只能看着空荡荡的室内，因为他没有更好的事情可做。他转身向外望去，看到了很多植物，心里想："嗯，如果我把这些植物拿进来，应该会很酷。我不会吃它们，而是把它们展示在我的洞穴口附近，给这个地方增加一点生机。"一定有这样的第一次发生在过去的某个时刻。然后，第一棵室内植物的主人和植物的对话就开始了。他可能还给它起了名字。今天我们与植物的联系也是如此，和原始人并无二致。我一直在对我的植物说话，我用语言鼓励它们成长，偶尔也会说出我的问题。并不是我一个人在说话，植物也会对我说话。在我用语言表达的时候，它们在用叶子表达。这些时刻你必须认真倾听。

植物一直在和我们说话，通过颜色、形态，还有气味。当你看到一棵植物的叶子完全变黄时，那是它在告诉你它喝了太多的水，但是如果变黄

只是发生在叶子的顶端，并且叶子边缘看起来有一点橙色，那是它在告诉你水中可能有氯。如果叶片卷曲或下垂，那是它在告诉你它缺水了需要喝水。白鹤芋缺水时具有非常典型的表现，叶片会垂到地下。只要你给它一杯水，叶子就会慢慢地站立起来。如果叶子边缘有干枯的褐斑，那是植物在告诉你它没有喝到足够多的水。但如果褐斑出现在叶片内部，那可能是植物在说它的根正在腐烂，你应该立刻检查并解决这个问题。

是否认真倾听植物对你的倾诉会得到截然不同的结果，一个是拥有许多健康的绿植，一个是得到许多痛苦的植物。

让植物说话

右图中的裂叶福禄桐在说：浇水太多了！因为它的叶子完全变黄了。相反，下图中白鹤芋的叶子倒下了，是在告诉你需要马上给它来杯水。

植物也会告诉我们它们是如何生长的。如果你观察过温室里的植物，你会注意到一件事，许多植物是竖直向上生长的，而不是它们在你家里那样向侧面生长。这是因为在温室里，这些植物从上方感知到了光，而在你家里更多的是来自侧面的光。植物生长具有向光性，所以如果看到植物向一侧生长，并且开始弯曲，这是植物在告诉你需要调转方向。不时地调整朝向可以帮助植物长得更均衡。

最后，要能够意识到植物是在和你交流。如果看到一朵花绽放或者一片新叶展开，说明植物此时感到很快乐，它在告诉你，感谢你提供了适宜的阳光和水。作为植物家长，你会感到得到了回报。干得好，你值得！

通过养护植物，磨练心性之宝石

你有没有听过一句古老的谚语，"每当琴叶榕展开一片新叶，就有一个天使得到翅膀"？嗯，我也没听过，这句话是我写的。但我完全相信这句话。我喜欢品味绿植创造的美。我时不时地会回想起没有把植物带回家时我的人生是如何度过的。我把那段时期叫做"前植物时期"。在"前植物时期"，我被压力和忧虑困扰，不能真正安定下来，对自己的发展方向也不满意。我独自上路，我祈祷这条路会通往一个分岔路口而不是一个终点。我与外面的世界似乎很合得来，但那从来都不是完整的我。当我开始把植物带回家，一切都变了，我对自己和周围事物的态度开始发生转变。我知道这听起来有些瞎扯，但除此之外没有其他更好的解释。把植物带回家，不但把空间面貌从陈腐变成了鲜活，心情从黯淡变成了兴致勃勃，把每一个坚硬的线条都变成柔和的笔触，而且我在对植物的养护中，发现了真正的自我。

我从照顾植物的需要中吸取经验教训，这让我更多地了解自己和他人。例如，给植物浇水时，要密切注意土壤中水分含量的变化，并以此决定什么时候应该浇水。如果你能训练自己观察这些细微变化的能力，你也能学会在任何小问题成为真正棘手的大问题之前解决它们。如果你能将保证植物茁壮成长的经验应用到生活里的其他关系中，你同样会看到它们茁壮成长。

我学会了先爱自己再去爱别人，更密切关注倾听自己的需求。如果我没有先把自己

照顾好，也就没有能力去关注别人的需求。这就是为什么乘飞机时，乘务员会告诉你如果出现险情，在帮助其他人之前，先戴好自己的氧气面罩。养护植物和自我修炼有着巨大的相似之处，甚至可以说养护植物就是自我修炼。在照顾植物时，我的内心获得了前所未有的平静。就像一颗珍贵的宝石从我体内出土，现在我可以仔细欣赏它了。我可以自豪地说，我已经收获了种植室内植物真正的、有形的好处。

爱的氛围

我和妻子菲奥娜之所以选择这间公寓，是因为它的光照条件适合植物茁壮成长。并且，我们对彼此的爱伴随着植物茁壮成长。

135

植物对我的影响也反映在我和妻子菲奥娜的关系中。在我生命中她是最重要的，我希望看到她充满活力、不断成长。过去在拥有植物之前，外界的压力、工作和不安感像乌云一样围绕在我身边，扼杀了人际关系中的活力。当我把植物带回家之后，不知不觉中我变得不那么紧张和焦虑了，也因此能够更专注、更放松、更自信，最终成为更好的自己。虽然随着年龄增长个性变得成熟在这一转变中起了很大的作用，但沉浸在植物养护之中有助于我磨练心性。

虽然空间里有植物会让人感到更放松、更愉快，但是园艺疗法主要是通过照料植物并和它们建立联系来真正发挥作用。当你深深地沉浸在植物日常养护中时，可以把外界所有的压力暂时抛在身后。当今社会，我们做的事情少有不涉及到多任务处理的。在这样一个"前进、前进、前进"的社会中，正确地养护植物迫使我们放慢脚步，看到需求或问题，并专心一处。比如我给植物浇水时，我就会刻意地专注于此。首先确保倒入水壶中的水是温度适宜的，就像父母会为婴儿测试奶瓶中奶的温度是否适宜。然后拿着水壶像冲咖啡一样，把水慢慢地、均匀地浇到花盆里，浸透表层土壤，直到水经过盆土从排水孔中流出来，确保每一条根都有机会获得水分。当我擦拭枝叶以清除灰尘或检查不速之客时，或者当我旋转植物以确保每一面都能接收光照时，我会轻轻地对

植物说话，就像和我关心的朋友或宠物说话一样。这种联系增强了我对植物茁壮生长的信心。

所有这些细致的养护技巧已经融入我与家人、朋友，及身边其他人的关系之中。有些时候，世界要求你处于"前进、前进、前进"的模式，但你必须放慢速度，专注于所爱的人，并用心去关爱他们。也许你会发现你内心的那颗宝石，我希望是一颗钻石。

第四章
野趣植物

　　世界上有无限多的植物，但我们只有有限的时间和空间。非常有幸能在我的每一本书中分享我最喜欢的植物。我带回家很多植物，目前我公寓里有 200 多棵，工作室里还有一些，它们是不同类型和大小的植物。当然，我养护的 200 多棵植物中有 66 棵只是展示在育苗墙上的分株。我知道自己的能力有限。好吧，如果有人决定给我建一个温室，我想我会养更多的植物。

　　我根据家里和工作室的光照条件，以及我可以用来照顾它们的时间，有选择性地购买植物。在分享植物清单时，我并不是激励你们把它们带回家，我希望大家明白，我们的光照条件并不一样，我们空闲的时间也不一样，关于植物的养护知识也不一样。因此，在这张清单上，我选择了可以从弱光到明亮的光照条件下生存的，以及需要低维护到高维护的不同植物。我想说的是，无论你决定带什么植物回去，它都会让你的空间更温暖、更葱郁、更有活力。

　　要强调的是，接下来本章描述的植物需要的光照条件是基于北半球，如果你生活在南半球，方向正好相反。

'波多拉'海芋
Alocasia 'Portodora'

经常有人说："如果那么喜欢她，为什么不娶她？"我对'波多拉'海芋就是这种感觉，我可能需要对她单膝跪下。我真的很喜欢这种植物。我相信任何一个见过它的人都无法抵挡它的魅力。巨大的箭头形叶子仿佛张开的双臂在拥抱天空。当它被带入室内会在第一时间成为焦点。'波多拉'海芋的叶片巨大、柔软，并且带有褶皱，就像大象的耳朵一样，因此被称为象耳植物（Elephant Ear）。它对生存环境的要求很苛刻，但如果给予适当的养护，

在室内可以生长到大约 1.5 米高，因此一定要给它足够的生长空间。'波多拉'海芋从中心展开新叶片时，有一种类似于花朵盛开的优雅。

和龟背竹、天堂鸟一样，'波多拉'海芋也是一种热带植物，能无缝衔接室内外的界限。春天和夏天的室外环境类似于它原生的自然环境，如果你有院子或者露台，可以在这段时间给它一个小小的户外假期。当把它带到室内时，也要尽力模仿创造这种环境，这样它们才能更好地健康生长。下面是关于如何更好地照顾'波多拉'海芋的建议。

光照

对于所有植物来说，光就是一切。'波多拉'海芋需要的光线是明亮的非直射光。中等的非直射光也能接受，但必须远离阳光直射。虽然早晨的直射光没有那么强烈可以勉强接受，但午后长时间的阳光直射会烤焦叶片，杀死植物。所以朝东或朝南的窗户旁是完美的位置。如果要将'波多拉'海芋放在有阳光直射的地方，请安装滤光装置，如百叶窗或纱帘，使直射光变成散射光。但需要强调的是，虽然它喜欢斑驳的或非直射的光，但不能在弱光环境下生存。

浇水

海芋是热带植物，需要确保适宜的湿度。在室内要保持一定湿度需要费点力气。像养护蕨类植物一样，为了确保'波多拉'海芋过上舒适的生活，必须每天观察。土壤必须保持均匀湿润，这和全湿是不同的。长时间全湿的土壤会导致许多问题，所以为了避免这些问题，请务必经常用手指或湿度计检查土壤。将手指插入表土下大约5厘米深，如果感觉有点干，就该浇水了。使用常温水像冲咖啡一样慢慢环绕盆土浇水。为了保持植物所需的空气湿度，建议每天早上喷雾。用温度适宜的水对着叶子背面喷薄雾，这样水滴会沿着茎流下来，不会聚集在叶子上。聚集在叶子上的水可能导致植物细菌感染。和大多数植物一样，在一年中较冷的月份需要减少浇水，原因有两个：一是因为一些室内植物在较低的温度下会休眠，二是因为低温下土壤干得较慢。同样，每次浇水前先检查土壤的湿度水平。我还有一个用来保持土壤湿润的方法：在土里插一个滴灌头，在滴灌头上放一个装满水的瓶子（见104页"短期外出时的植物浇水"），这样水分可以缓慢释放。

土壤

最好的土壤是既能保持湿润，又能排水良好的，所以在盆土中添加可以保水的成分是关键，比如泥炭土（见081页"自制盆栽土"）。如果还希望土壤富含营养物质，可以同时添加泥炭土和松树皮，打造透气的有机土壤。

换盆

当'波多拉'海芋的根从排水孔里钻出来时，表明需要换一个更大的花盆了。换盆时，将铲子或抹刀插入花盆和土壤之间，沿着花盆内侧转一圈。然后轻轻地握住植物的枝叶，慢慢地把它从花盆里提起来。确保新盆的直径比旧盆大5厘米，同时确保新花盆有合适的排水系统。

疑难杂症

叶片下垂。如果叶子打蔫或下垂，表明植物没有得到足够明亮的光照，或者是湿度太大了。在室内，叶子并不总是竖直向上，因为植物想要接收光线，可能会转向侧面的窗户和空间。但是如果叶子开始指向地板，那么就是有问题了。

叶片变黄。如果叶子已经变黄，这是水分过多的迹象。记住要保持土壤均匀湿润，而不是全湿。如果叶子正在变黄，先检查花盆的底部，确保排水良好，我通常会拿筷子在土壤上戳一些洞，给土壤创造透气疏水通道。

叶片周围出现蛛网。海芋很招红蜘蛛，这些虫子会在叶片周围织网，如果不加处理，可能会导致植物死亡。经常检查叶片边缘和背面是否有红蜘蛛。除掉它们相当容易。拿一块湿布，蘸少许温和的清洁剂，擦拭叶子即可。每周一次，直到红蜘蛛完全被消灭为止。

造型技巧

把美丽的'波多拉'海芋种在釉面陶瓷花盆里，如果有天窗，可以放在天窗下。为了让植物呈现最佳状态，用锋利的剪刀剪掉干枯的叶子。建议将它放在远离小型植物的地方，因为它的大叶子会投下巨大的阴影，遮挡住在它下面和周围的植物的阳光。

太匮龙舌兰
Agave tequilana

太匮龙舌兰是一种令人惊叹的室内植物,我不仅自己家里有而且还到处向其他人推荐。这种美丽的墨西哥沙漠植物叶子上泛着少许蓝色,因此又被称为蓝色龙舌兰。它的叶子就像从土壤里伸出的长剑一样,叶子顶端很尖锐,叶子边缘有刺,一不小心可能会伤到你。但不要责怪这种植物,它只是试图保护自己。所以如果家里有小孩或宠物,把龙舌兰放在他们够不着的地方,这一点很重要。

光照

一定要考虑植物在自然环境中是如何生长的。就像其他多肉一样,龙舌兰生长在有大量直射光的沙漠中。所以需要把它放在一个一天中至少有 4~6 小时阳光直射的地方。朝西或朝南的窗户处是最适合它安家的地方。沙漠中没有昏暗的光线,所以不要试图强迫它待在家里的昏暗角落。我们面对的是一个生命,为了让它更好的活着,需要给它适当的光照和养护。

如果春天和夏天的温度合适,把它搬到户外养护就更完美了,它会通过生长来感谢你,虽然生长速度非常慢,所以如果多年来你的龙舌兰没有长大太多,不要气馁。给它充足的阳光,其他的顺其自然就好了。如果你是比较急性子的植物父母,这种植物可能不太适合你。

浇水

当土壤上半部分完全干燥,用常温水浇灌。春天和夏天大约每周浇一次,冬天每个月浇一次。当然这也取决于是放在户外还是室内。如果在户外,土壤干得更快,对于株龄较小的植物大约需要每五天浇一次,成熟后每周浇一次。龙舌兰比较耐旱,如果放在室内可以减少浇水。浇水之前先检查土壤的湿润程度,然后将水慢慢地、均匀地浇到土壤表层,确保花盆边缘和下面的根系都可以喝到。继续浇水,直到水从排水孔流入托盘。让水在托盘里停留 15~30 分钟,给没有抓住水分的根系和土壤继续提供水分。30 分钟后如果托盘中还有水，需要处理掉，再将植物放回托盘中。

土壤

龙舌兰需要透气性好，能够快速干燥的土壤。在土壤中加入像沙子或珍珠岩这类补充成分（见 081 页"自制盆栽土"）。为了有助于土壤更透气，可以把筷子插入土壤。为了使土壤能够快速干燥，我建议使用多孔的花盆，比如黏土盆或陶盆。

换盆

太匮龙舌兰和其他龙舌兰属植物不需要经常换盆。因为它们生长得非常缓慢，根系需要很长时间才会变大钻出排水孔。确保新盆直径比旧盆大 5 厘米。此外还要考虑花盆的材质，这也是影响土壤湿度的因素。为了取得最好的效果，在春天或夏天换盆。

繁殖

用分株的方法进行繁殖，将幼株从主根上剥离，然后种植到新盆里。

疑难杂症

叶片干枯。这是植物缺水的迹象。虽然太匮龙舌兰不需要太多水，但是确保规律地浇水很重要。

叶子软化或烂掉。这意味着可能浇水太多，或者盆里积水，导致根部腐烂。用锋利的剪刀小心地剪掉软烂的叶子，然后检查植物的根系。健康的根系看起来很结实，呈米白色，有点儿像筋道的面条。如果变成深棕色糊状，那就是腐烂了。剪掉腐烂的根系，把植物移栽到新鲜的、能够快速干燥的土壤中去。

造型技巧

将太匮龙舌兰种在赤陶土盆或黏土盆里，然后放在植物架或基座上，这样看起来更自然。由于它是龙舌兰酒的主要成分，在家里的酒吧台附近放一棵可以让这个区域更有调格。

棍棒椰子

Hyophorbe verschaffeltii

棍棒椰子是我最喜欢的室内棕榈树之一，因为它们可以长得很高，而且相对容易照顾。我觉得要慎用"容易"这个词，因为我不相信植物会容易照顾或"不容易死"。所有的植物养护都有一点儿难度，或者应该说植物的需求只有被满足后，才能茁壮生长。棍棒椰子也不例外。但只要给它需要的关爱和照顾，就能看到美丽的棕榈树伸展新叶，甚至在室内长到四五米高。这将使空间看起来郁郁葱葱，极具热带风情。它的外观和许多其他室内棕榈树类似，不同之处是它具有橙棕色的树干和粗壮的枝叶。以下是关于如何照顾棍棒椰子的建议。

光照

室内棍棒椰子的需求可以参考野外的棕榈

树。明亮的非直射光或早晨的直射光是最好的，所以朝东或朝南的窗前是理想的摆放位置。虽然它们能忍受中等光照，但如果没有适合它们健康生长所需的明亮光线，建议换一种植物养吧。避免午后的阳光直晒，否则会灼伤叶片，长期如此会导致植物干枯甚至死亡。它们能长得非常高大茂盛，因此要注意可能会遮挡周围植物的光照。

浇水

与大多数棕榈树不同，棍棒椰子的土壤要保持湿润。忘记浇水是不可原谅的。保持土壤均匀湿润的最好方法是每天用手指或筷子插入土壤中检查土壤湿度水平。

浇水时使用常温水，并确保彻底浇透，直到水从排水孔中流出为止。还有一个保持土壤湿润的方法是在土里插一个滴灌头，再在上面放一个装满水的瓶子（见 104 页"短期外出时的植物浇水"），这样水分可以在一周内缓慢释放。

土壤

　　棍棒椰子需要松散且排水良好的土壤。营养土、沙子和树皮的混合土壤具有良好的透气性（见 081 页"自制盆栽土"）。为了进一步提升土壤的通透性，浇水前用筷子在土壤上戳几个洞，这将有利于根系呼吸并让水容易通过。

换盆

　　只有当根从花盆的排水孔钻出来或者根系纠缠在一起时，才需要换盆。大概每年或每隔一年换盆一次。换盆时，确保新盆直径比旧盆大 5 厘米。

疑难杂症

　　叶子发黄。这是浇水过多的迹象。保持土壤湿润，但尽量不要让土壤全湿。并确保花盆排水良好。

　　叶尖变棕或者叶面开裂。这是水分不足的迹象。检查土壤是否干燥。如果是，马上浇水。有时叶尖变棕是由于水分不能到达叶子顶端，为了创造植物需要的湿度，每隔几天喷雾一次。

　　叶子内部产生棕色斑点。这是烂根的迹象。把植物从花盆里拿出来，检查土壤和根。健康的根应该看起来很结实，呈灰白色。如果变成深棕色的糊状物，说明根腐烂了。用剪刀把腐烂的根剪掉，将植物重新移栽到新鲜的、排水性良好的土壤中去。

造型技巧

　　我总是倾向"要么不干，要么大干一场"。那么为什么不把棍棒椰子放到家里的高处让它更有存在感呢？为了保持植物所需的水分，我建议使用釉面陶瓷盆或塑料盆。当把这类植物带入室内时，无论是家里还是办公室，都要考虑它的生长潜力，否则等它们越来越大可能会占据过多的空间。由于其强劲的生长力，它能很好地适应人流量大的场所。

酒瓶兰
Beaucarnea recurvata

有人称酒瓶兰为马尾棕榈，因为丛生的叶子形似马尾，也有一些人称它为大象脚，因为树干很像大象的脚。不过，千万不要因为有人叫它马尾棕榈而套用其他棕榈树的养护方法，这是一种错误。因为马尾棕榈不是棕榈，而是更像一种多肉植物。养护时可以参考它的自然栖息地墨西哥的环境条件。我对酒瓶兰的热爱源于它能长得非常大（高四五米），活得非常久（300年），以及养护非常容易。我喜欢那种需要爱护但不需要娇生惯养的植物。养护酒瓶兰最好的策略是顺其自然，在它召唤你的时候再去照顾它。以下是照顾酒瓶兰的建议。

光照

一定要给酒瓶兰提供一个明亮的非直射光到直射光的环境。光线越强越好。提供越接近自然生长的环境，酒瓶兰生长越好。朝南或朝西的窗户处是放置酒瓶兰的完美地方。尽量避免弱光，家里那些昏暗的角落会导致它们死亡。酒瓶兰生长呈灌木状，为了使株型均衡，经常调整朝向是很重要的。

浇水

就像大多数沙漠植物一样，酒瓶兰很容易因为水分过多而烂根死亡，所以在每次浇水之间要保持土壤干燥。因此少浇水好过多浇水。就像我之前说过的，让土壤告诉你什么时候应该浇水。如果不确定该不该浇水，那么等几天再浇。还记得酒瓶兰像大象脚一样的树干吗？树干的作用就如同仙人掌的肉质茎，可以储存

分，帮助酒瓶兰度过沙漠中的
旱时光。所以即使没有按时浇
，也没有太大关系。浇水时，
常温水慢慢地浇在土壤上，就
冲咖啡一样。水经过土壤流下
，让每条根都有吸收水分的机
，直到水从排水孔里渗出来为
。让水在托盘里停留约 30 分
，然后处理掉多余的水。永远
要将植物长时间浸泡在水里。

土壤

酒瓶兰喜欢透气性好、干燥
速度快的盆栽土。因此在土中添
加有利于排水的成分很重要（见
081 页"自制盆栽土"）。根据
花器类型不同，添加比例不同。
如果使用黏土盆或赤陶盆，我会
配制 60% 的营养土 +20% 的珍
珠岩 +20% 的沙子的混合盆栽
土。如果使用釉面陶瓷盆或塑料
容器，我会添加更多珍珠岩。

换盆

春天或夏天换盆效果最好。
当酒瓶兰根部钻出排水孔时给它
换盆，花盆底部的根系越多，越
容易腐烂。确保新盆直径比旧盆
大 5 厘米。同时考虑花盆的材质，
因为这也是一个影响土壤湿度的
因素。酒瓶兰生长缓慢，不需要
经常换盆。

疑难杂症

叶子发黄。这是浇水过多的
迹象。记住，酒瓶兰不需要浇水
太多，等完全干燥后再浇。

叶尖棕色或叶子开裂。这是
水分不足的迹象。虽然酒瓶兰比
较耐旱，但也不能连续几个月不
浇水。检查土壤是否干燥。如果
植物比较小，就拿起来检查排水
孔周围的土壤，如果是干的就赶
紧浇水。如果植物太大拿不起来，

拿筷子或手指插到土壤深处检查
土壤是否变干。

叶子内部产生棕色斑点。这
是烂根的迹象。把植物从花盆里
拿出来，检查土壤和根。健康的
根应该看起来很结实，呈灰白色。
如果变成深棕色的糊状物，说明
根腐烂了。用剪刀把腐烂的根剪
掉，将植物重新移栽到新鲜的、
排水性良好的土壤中去。

造型技巧

酒瓶兰需要在每次浇水之间
保持干燥，不需要经常把手指插
到土里检查土壤湿度，因此可用
鹅卵石、石块、玻璃珠等来装饰
表土。为了使酒瓶兰保持最佳状
态，用锋利的剪刀剪掉干枯的叶
子。用抹布擦去叶子上的灰尘，
让植物获得更多的光照，呈现自
然光泽。

'小天使'蔓绿绒

Philodendron 'Xanadu'

'小天使'蔓绿绒是我最喜欢的蔓绿绒品种之一，它是一种可以让空间瞬间变得郁郁葱葱的热带植物。虽然它和它的表亲春羽一样拥有具有光泽的深绿色裂叶，但'小天使'的叶子相对小一些。'小天使'幼叶叶裂并不明显，但随着植物的成熟，叶子变得更大，叶裂也更深，变得更像春羽的叶子。和其他蔓绿绒不同，'小天使'不属于攀援植物，不会利用气生根攀爬在其他植物或物体的表面。生长在野外丛林里的'小天使'形态茂密，叶子沿着从木质化的树干向上伸出来，好像在等待一个拥抱。这种形态具有强烈的存在感，一旦成熟就会成为一棵真正的"C位植物"。虽然它们是标准的户外植物，但如果你生活在温暖潮湿的环境气候中，你也能在室内找到合适它们的位置，营造一种在热带度假的氛围。以下是关于如何在室内照顾'小天使'蔓绿绒的建议。

光照

确保给'小天使'蔓绿绒提供明亮的或中等的非直射光。虽然它们能忍受短时间的直射光，但长时间的阳光直射会灼伤叶片，产生橙褐色的斑点，并最终导致植物死亡。找一个较多地暴露在天光下，或者能把直射光散射成明亮的非直射光的房间。'小天使'呈灌木状，为了植株生长平衡，需要经常调整朝向。

浇水

像对待所有蔓绿绒一样，要确保不过度浇水。对于'小天使'，少浇好过多浇。维持植物健康生长的最佳浇水时机是当土壤表层5厘米完全干燥时。

将手指或筷子插入表土5厘米，如果拿出来时沾了一点泥，说明植物不缺水，如果是干的，是时候浇水了。将常温水缓慢均匀地浇在土壤上，确保花盆边缘和下面的根都可以喝到。继续浇水，直到水从排水孔流入托盘。让水在托盘里停留15~30分钟。30分钟后，处理掉托盘中多余的水。鉴于它是一种热带植物，因此最好能在家里创造出适合它生长的空气湿度。建议温暖的月份每周至少喷雾两次，寒冷的月份需要每天早上用温水喷雾。我已经成为湿度计的铁粉了，因为我家里有50多株植物，每天都需要把手指插入土壤中很多次，有了湿度计，我的手指就不用再受苦了。

土壤

'小天使'和其他蔓绿绒一样，喜欢透气性好，易干燥的土壤。因此在土中添加有利于排水的成分很重要。据花器类型不同，添加比例不同。如果使用黏土盆或赤陶盆，我会配制 80% 的营养土 +20% 的珍珠岩的混合盆栽土。如果使用釉面陶瓷盆或塑料容器，我会添加更多珍珠岩或沙子（见 081 页"自制盆栽土"）。

换盆

只有当植物的根钻出排水孔时才需要换盆。花盆底部根系越多，越容易腐烂。确保新盆直径比旧盆大 5 厘米。同时要考虑花盆材质，这也是影响土壤湿度的因素。春天和夏天换盆效果最好。

繁殖

'小天使'和其他蔓绿绒不一样，不适合用切茎法繁殖。可以用分株法繁殖，从根系处剥离出一部分种植到新盆里。春天和夏天繁殖效果最佳。

疑难杂症

叶子发黄。 这是浇水过多的迹象。如果一直规律浇水，但仍然出现叶子发黄，可以用筷子戳洞帮助土壤通风。如果还没有效果，把植物从花盆里拿出来检查土壤。如果土壤长时间持续潮湿，可能是土壤排水不良的原因。

叶尖变棕或叶面开裂。 这是水分不足的迹象。检查土壤，确保给植物浇水时水能流过所有土壤。也可能是肥料过盛的原因。

叶片内部产生棕色斑点。 这是烂根的迹象。把植物从花盆里拿出来，检查土壤和根。健康的根应该看起来很结实，呈灰白色。如果变成深棕色的糊状物，说明根腐烂了。用剪刀把腐烂的根剪掉，将植物重新移栽到新鲜的、排水性良好的土壤中去。

造型技巧

让'小天使'蔓绿绒脱离地板，成为真正的"C 位植物"。尝试把它放到餐桌上，或是加个较高底座。为了保持最佳视觉效果，去掉干枯的叶子，用湿布擦拭叶子。去除叶子上的灰尘有利于叶面组织吸收更多的光线，让植物呈现自然光泽。

'红刚果'蔓绿绒
Philodendron 'Rojo congo'

我爱'红刚果'蔓绿绒！在我家，我们把它挂在床头上方我妻子做的植物吊篮中。你可以在我的第一本书《植物风格1·绿意空间：绿植软装设计与养护》中找到同款植物吊篮的制作方法。对我来说这个植物吊篮已经够用了。之前，我们在床头上方放了一棵健壮的长叶肾蕨，你知道的，蕨类植物最需要的就是保持适宜的湿度。在那之后，我决定换一种不那么挑剔的植物。然后，"红刚果"蔓绿绒来了，我们叫它大红。'红刚果'蔓绿绒同样能提供睡在丛林中的绿色树冠下的感觉，并且它不需要太多的关注。这里的关注是指养护，在外观上它当然希望吸引人们的关注。'红刚果'蔓绿绒中的"红"来自植物抽出的红色新叶，但随着叶子成熟会逐渐转变成深绿色调，边缘带有一圈整齐的红色，被酒红色的叶柄高高托起。'红刚果'蔓绿绒的魅力不止于此，给予适当的养护后，它还会开出饱满的红色花朵。这是一种非常性感的植物！以下是关于如何养护"红刚果"蔓绿绒的建议。

光照

确保光照条件在明亮的非直射光到中等光照之间。找一个能较多地暴露在天光下，或者能把直射光散射成明亮的非直射光的房间。如果要放在直射光下，必须是东向的窗户处。早晨的直射光比较柔和，而下午的直射光过于强烈，会灼伤叶片，形成棕色斑点，最终可能杀死植物。

浇水

像所有的蔓绿绒一样，不要过度浇水。最佳的浇水时间是表土5厘米完全干燥时。建议使用手指进行检查，手指插入表土5厘米，如果拿出来时手指沾了一点泥，说明植物不缺水，如果手指是干的，是时候浇水了。如果你和我一样是名植物囤积者，手指每天或者每周需要经常插入土壤，推荐投资一个湿度计来减轻负担。

确保使用常温水，把水缓慢均匀地浇在土壤表层，确保花盆边缘和下面的根都可以喝到。继续浇水，直到水从排水孔流入托盘。让水在托盘里停留15~30分钟。30分钟后处理托盘中多余的水。蔓绿绒是热带植物，尽量在家里创造适合它生长的湿润环境。对于'红刚果'蔓绿绒，我建议在温暖的月份每天早上用温水喷雾，寒冷的月份每周至少喷雾两次。

土壤

'红刚果'和其他蔓绿绒一样适合透气性好、易干燥的盆栽土。因此在土中添加可以降低湿度，有利于排水的成分很重要。根据花器类型不同，添加比例不同。如果使用黏土盆或赤陶盆，我会配制80%的营养土+20%的珍珠岩的混合盆栽土。如果使用釉面陶瓷盆或塑料容器，我会添加更多珍珠岩或沙子(见081页"自制盆栽土")。

换盆

决定何时换盆的因素是根的长度，而不是植株的大小。当'红刚果'蔓绿绒的根钻出排水孔时给它换盆。花盆底部的根越多，越容易腐烂。确保新盆直径比旧盆大5厘米。同时要考虑花盆材质，因为这是一个影响土壤湿度的因素。为了达到最好的效果，在春天或夏天换盆。

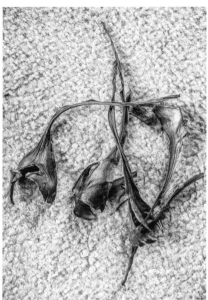

繁殖

　　'红刚果'和大多数蔓绿绒都适用切茎法繁殖。先定位茎的节点，在节点下面剪断，使切枝带有节点，然后浸泡在水中。随着时间的推移，在节点处会发根，当根长到10~15厘米长时，就可以将切枝移栽到盆中了。在春天或夏天繁殖植物会更容易成功。

疑难杂症

　　叶子发黄。这是浇水过多的迹象。如果一直规律浇水，但仍然出现叶子发黄，可以用筷子戳洞帮助土壤通风。如果还没有效果，把植物从花盆里拿出来检查土壤。如果土壤长时间持续潮湿，可能是土壤排水不良的原因。

　　叶尖变棕或叶面开裂。这是水分不足的迹象。检查土壤，确保给植物浇水时水能流过所有土壤。也可能是肥料过盛的原因。

　　叶片内部产生棕色斑点。这是烂根的迹象。把植物从花盆里拿出来，检查土壤和根。健康的根应该看起来很结实，呈灰白色。如果变成深棕色的糊状物，说明根腐烂了。用剪刀把腐烂的根剪掉，将植物重新移栽到新鲜的、排水性良好的土壤中去。

　　叶子内部产生红色斑点。这可能是细菌感染的迹象。可能是由于叶子上残留太多水分造成的，所以喷雾一定要在叶子背面进行。

造型技巧

　　与大多数蔓绿绒不同，'红刚果'蔓绿绒不属于攀援植物，不会用气生根来攀爬树木、岩石和其他结构。虽然它不会攀爬家里的墙壁，但可以模仿这种造型。比如像我那样把植物放在高高挂起的花盆里。一定要给大叶子留出足够的向外和向上生长的空

间。为了保持最佳视觉效果掉干枯的叶子，用湿布擦拭去除叶子上的灰尘，有利于组织吸收更多的光线，让植有自然的光泽。

楔叶铁线蕨
Adiantum raddianum

　　说到楔叶铁线蕨，许多植物父母发现它们在室内很难成活。但由于实在太美貌了，植物爱好者们总是忍不住把它带回家，一遍又一遍地尝试。优雅的动物脚掌状的绿色叶子从纤细的黑色枝条上伸展开来，轻盈灵动。相信我，我还保持着清醒，知道面对的是一个生命，所以在把它带回家之前，已经搞清楚了如何正确地照顾它。楔叶铁线蕨只是遍布世界各地的 200 多种美丽的铁线蕨属中的一种。必须承认，任何蕨类植物我都想马上带回家，楔叶铁线蕨当然也不例外。

光照

　　给蕨类植物提供需要的光线，否则它们就死给你看。像大多数蕨类植物一样，给它安排一个光照条件为从明亮的非直射光到中等光照的地方。当然，所有的植物都会喜欢这种光。越多地让它暴露在天光下，但又不被太阳直接晒到就越好。如果只能提供中等光照，它们也能容忍。但必须远离直射光。观察自然里的蕨类植物，它们经常在斑驳的光下跳舞，也可能生活在少量的直射光下，但一旦被带入室内，穿过玻璃的直射阳光对它们来说是一种野兽。当阳光穿过玻璃时，光线会变得更加强烈，导致蕨类植物叶子枯萎，土壤很快干燥，即使补充水分也很难恢复。

浇水

　　和大多数蕨类植物一样，湿度就是一切，但是让室内维持合适的湿度很难。为了让楔叶铁线蕨健康成长，必须每天察看。这又回到了我关于养猫人和养狗人的部分（见 125 页），养楔叶铁线蕨基本上就像养了一只小狗，最重要的任务是确保土壤保持均匀湿润。我习惯用手指测试土壤湿度。手指插入表土后拔出来时，如果有一点儿土壤或泥粘在了手指上，表明土壤均匀湿润；如果手指湿了，表明土壤太湿了，这不是我们想要的效果，可能意味着花盆排水不好，需要马上解决。为了满足楔叶铁线蕨对空气湿度的要求，每天早上要用温水进行喷雾。所以了解自己并选择合适自己的植物很重要。如果你经常旅行或有点健忘，楔叶铁线蕨可能不适合你。

土壤

　　为了保持土壤湿润且排水良好，在盆栽土中添加保水成分是关键，比如泥炭土。如果还希望土壤营养丰富，可以同时添加泥炭土和松树皮，打造透气的有机土壤（见 081 页"自制盆栽土"）。

换盆

　　楔叶铁线蕨生长缓慢，所以不像其他植物朋友一样需要经常换盆。当看到根从花盆的排水孔里钻出来时，表明根系有些拥挤，该换一个更大的花盆了。换盆时，将铲子或抹刀插入花盆和土壤之间，沿着花盆内壁转一圈，然后一只手轻轻地托住枝叶，另一只手把花盆倒置过来，再用托住枝叶的手抓住茎的底部轻轻把植物从花盆里拉出来。确保新盆直径比旧盆大 5 厘米，同时确保新花盆有合适的排水系统。

疑难杂症

孢子。 如果叶子背面有小突起，不要害怕，你的蕨类植物没生虫子，这些突起是孢子，是植物成熟用于繁殖的标志。虽然你自己用这些孢子繁殖楔叶铁线蕨可能不会成功，但楔叶铁线蕨有孢子表明它是一棵生活得很幸福的植物！

叶子变黄。 如果叶子已经变黄，这是水分过多的迹象。记住要保持土壤均匀湿润，而不是太多水。如果叶子正在变黄，检查花盆底部，确保植物排水良好。出现这种情况，我会拿筷子在土壤上戳洞，创造透气疏水通道。

叶片萎蔫。 叶子卷曲枯萎是蕨类植物迫切需要水分的迹象。这事需要马上给植物浇水。如果有叶子或枝条已经枯死了，不要惊慌，补充水分之后，新的叶子和枝条就会生长出来。

造型技巧

将楔叶铁线蕨展示在玻璃微景观里，或者与其他蕨类植物组合装饰桌面，都能很好地展示楔叶铁线蕨的美。为了保持楔叶铁线蕨的最佳状态，要经常用剪刀剪去干枯的叶子，动作要精确，不要一小心剪掉健康的枝条。

袋鼠蕨

Microsorum diversifolium

　　袋鼠蕨光滑而饱满的绿色叶片和黑色的叶柄从毛毛虫样子的根状茎上展开，充满意趣。我第一次看到袋鼠蕨时，就非常想拥有一棵。虽然我很清醒，知道自己家里不应该有很多蕨类植物，因为我经常旅行没法很好地照顾它们。但袋鼠蕨是蕨类植物中比较宽容的品种之一，不像其他蕨类植物那么娇气。看到袋鼠蕨叶子的形状时，你就会明白这种植物以原产国动物命名的原因了（译者注：袋鼠蕨英文名Kangaroo Foot，直译为袋鼠脚）。我一直有给植物起名字的惯例，我给第一棵袋鼠蕨起名乔伊。以下是关于如何照顾袋鼠蕨的建议。

光照

　　像照顾大多数蕨类植物一样，将袋鼠蕨安置到明亮的非直射光环境中。虽然它能忍受中等光照，但越多暴露在光线下越好。袋鼠蕨在野外接收的是斑驳的光线，所以避免将它放在直射的阳光下。直射光会灼伤叶子，使其迅速干枯，即使补充水分也很难恢复。北向或东向窗户处是放置这种植物的完美位置。

浇水

　　袋鼠蕨是一种热带植物，和所有热带植物一样，需要一定湿度才能健康成长，湿度和水分就是一切，所以在照顾这种蕨类植物时，需要在家里尽可能模拟热带环境。首先从浇水开始，确保土壤均匀湿润，而不是积水。同许多其他植物朋友一样，它们对水分很敏感，浇水前用手指或者湿度计检查土壤湿度。如果打算大量拥有蕨类植物，湿度计还是很有必要的。将水慢慢地、均匀地浇到土壤表层，确保花盆边缘和下面的根系都可以喝到。继续浇水，直到水从排水孔流入托盘。如果植物是放在悬挂花盆里，等水完全沥干后再放回原处。

为了提高蕨类植物周围的空气湿度，需要用温水进行喷雾。将水喷到叶片背面，这样水可以从植物上流到土壤中。水分聚集在叶片上可能会导致细菌感染。

土壤

为了保持土壤湿润且排水良好，在盆栽土中添加保水成分是关键，比如泥炭土或蛭石。如果希望土壤营养丰富，可以同时添加泥炭土和松树皮，打造透气的有机土壤（见081页"自制盆栽土"）。

换盆

在春天或夏天进行换盆。虽然种在小盆里也可以，但是一旦看到根系从底部的排水孔钻出来，就需要换一个更大的花盆了，这是明确的换盆标志。确保新盆的直径比旧盆大5厘米。

疑难杂症

叶片变黄。对于袋鼠蕨类来说，"绿拇指"法则是观察叶片的硬挺度。如果叶子直立且结实，说明水量适宜。如果叶子有点下垂，是时候浇水了。如果叶子变黄，是浇水过多的迹象。

叶尖变棕或叶片卷曲。这是植物缺水或者环境干燥的迹象。可能是由于阳光直射太多，或者没有规律浇水。为了避免这种情况，请确保规律浇水，并让植物远离直射光。

造型技巧

将袋鼠蕨的优势发挥到极致的方法是将它放在悬挂花盆里，这样叶子就可以从花盆里倾泻而出，充分展示个性。为了有助于保水，建议选择釉面陶瓷盆或塑料盆。记住每月至少调整一次朝向以保证生长均衡。

鹿角蕨
Platycerium bifurcatum

2011年我去了"Terrain"，这是位于宾夕法尼亚州格伦米尔斯的一家植物商店，这一天永远地改变了我。在那里看到的一切都让我充满好奇同时深受鼓舞，首先，我开始梦想有一个和那里的花园咖啡馆一样郁郁葱葱的家；然后，我想知道悬挂在桌子上方形态奇特的植物到底是什么。当时我并不精通植物，不知道如何识别一种没见过的植物。那是一种看起来很奇怪的植物，它给我留下了深刻的印象，我从来没有忘记过它。后来我才知道，它是美丽动人的鹿角蕨。三年后，它成为我购买的第二种植物。我之所以非常喜欢这种美丽的热带植物，是因为在野外它的"鹿角"可以长到大约1.8米。而且不可思议的是，巨大的鹿角蕨是附生植物，必须生长在其他植物上，就像空气凤梨一样，具有十足的野趣！对我来说，它们是植物家族中最有趣和最令人愉快的植物之一。

鹿角蕨名字的来源是显而易见的，它们的枝叶呈鹿角的样子。仔细观察鹿角蕨的结构，以便更好地了解和照顾它们。鹿角蕨的结构具有迷惑性，即使精通植物的人也可能分辨不清楚。鹿角蕨分为三部分：鹿角叶（孢子叶）、盾叶（营养叶）和根球。让我们一部分一部分来了解，首先是根球，这是植物根系聚集的地方。鹿角蕨的根系很浅，因此在室内不会占据过多的空间，在野外它们主要附着在树木上。根系越浅，越容易感染根腐病。根球的顶部是它的营养叶。这些盾形的叶子能保护根系，为植物提供水分和营养物质。营养叶新生时是绿色的，同普通的植物叶子一样，但随着不断成熟，它们会变成棕色同时变得坚硬。当我第一次遇到这种情况时，吓了一跳，以为自己做错了什么。向植物商店的客服人员咨询后，才知道这是正常现象。这有助于植物更好地自我保护，并抓住附生的寄主植物或木板，所以请千万不要剪掉变成棕色的营养叶。最后是鹿角蕨最重要的部分——呈鹿角形的孢子叶，它们从植物的中心长出来，周围被营养叶包围。

很多人喜欢用木板来展示鹿角蕨，其实把它们挂在篮子里展示效果也很好。虽然鹿角蕨很美，会让人产生想把它们带回家的冲动，但在此之前先了解如何照顾它们是关键。

光照

和大多数蕨类植物一样，需要给他提供明亮的或中等的非直射光。在野外它们生活在斑驳的光线下，甚至可能生长在比较阴暗的地方，但这不代表它喜欢家里的阴暗角落。越多地将它暴露在开放的天光下，但不被直射的阳光亲吻越好。直射光会灼伤蕨类植物的叶子，导致它们迅速干枯，即使补充水分也很难恢复。因此最佳位置是北向或东向窗户前方。

浇水

鹿角蕨是一种热带植物，所以首先应该考虑湿度问题。湿度和水分对于热带植物来说非常关键，而在室内创造这种条件并不容易。为了让鹿角蕨茁壮成长，必须非常勤快地浇水，但也不是每天都需要，它们也不喜欢水分过多。

温暖的月份每周浇水一次，寒冷的月份每两周一次。将鹿角蕨拿下来，浸在装满常温水的水槽或浴盆里。如果安装在木板上，把木板翻过来，有植物的一面朝下，在水中浸泡大约20分钟。浸泡好后拿出来，控干水分，再放回原位。浸泡是确保整株植物都能得到水分的最佳方法。为了增加植物周围的空气湿度，一周至少进行两次喷雾。在孢子叶背面喷雾，这样水分可以流到植物的根部。如果在正面喷雾，水滴可能会聚集在叶子上面引起细菌感染。

换盆

对于被安置在木板或树皮上的鹿角蕨来说，一旦营养叶长得超过木板的边缘，只需要在木板上增加一块更大的木板。不要把鹿角蕨从已经附着的木板上取下来，这可能会导致鹿角蕨死亡。

疑难杂症

叶子变黄。这是水分过多的迹象。养护鹿角蕨的"绿拇指"法则之一就是经常观察孢子叶的硬挺度。如果叶子直立且硬实，说明水分充足。如果叶子有点下垂，就该浇水了。

叶子长不大。这表明植物没有得到足够明亮的光照。将其移到家里比较明亮的地方，叶子就会生长变大。

变褐或萎蔫。这是土壤水分不足或空气干燥的迹象。可能是由于没有规律补充水分或者阳光过于强烈。

造型技巧

将鹿角蕨安置到木板上是展示它们的最佳方式。在墙面上挂一棵或几棵就能够点亮整个空间。参考 003 页"有生命的艺术品：植物壁挂"，学习如何打造鹿角蕨壁挂。

空气凤梨
Tillandsia

很少有植物像铁兰，就是众所周知的空气凤梨那样种类丰富且形态独特。铁兰属下有650多个已知的种，如果你到墨西哥北部的沙漠和丛林旅行，就能看到空气凤梨的野生品种。但你必须抬头向上寻找，因为空气凤梨是附生植物，它们不生长在脚下的土壤里，而是像鹿角蕨、兰花一样高高地寄生在其他植物上。在空气凤梨的自然栖息地，它们附生在多年生植物、灌木和乔木上。当我和妻子去墨西哥的图卢姆旅行时，我们遇到了许多长在树木上的多国花空气凤梨。这些植物是如此诱人，我产生了强烈的冲动，想爬上树把它们都摘下来。但理智告诉我那些空气凤梨在图卢姆的丛林里会过得更好，我抑制了自己的冲动，没有打扰它们。好吧，老实说，我没有那么做的主要原因是，从丛林中带走植物是违法的。而且，即使我带出来了，也不被允许带回美国。所以，当我在德克萨斯州休斯敦、路易斯安那州新奥尔良的树上看到老人须（松萝凤梨）等空气

凤梨时，我觉得是时候把它们带回家了。

想将空气凤梨带入室内，就不得不谈谈空气凤梨与其他室内植物的巨大区别。空气凤梨不需要土壤，几乎可以被展示在家里的任何地方。"任何地方"这个词并不准确，因为仍然需要为它们提供适合的光照，但可以在造型上更有创意。我把老人须空气凤梨挂在木制衣架上，把电烫卷空气凤梨放在碗里展示在桌子上。参考071页的"空气凤梨花环"项目，你会发现空气凤梨的造型潜力几乎是无穷的。在用空气凤梨装饰家居空间之前，你需要了解一些养护知识。知道如何正确地照顾它们，将有助于它们更好地生长，甚至开花。下面是关于如何照顾空气凤梨的建议。

光照

　　将空气凤梨安置在明亮的或中等强度的非直射光光线下。虽然它们在野外通常生长在灌木丛上，位于树冠下的斑驳光线里，但不能因为它们生活在户外的背阴处，就认定它们喜欢背阴的地方，实际是光线越明亮越好。但是，除了能忍受一点直射光的电烫卷空气凤梨外，不要把其他空气凤梨放在直射阳光下，直射阳光会使它们迅速枯萎干燥，即使补充水分也很难恢复。北向或东向采光对空气凤梨来说是完美的光照条件。

浇水

　　空气凤梨的自然生境空气湿润，时常还有倾盆大雨，潮湿的空气就能满足空气凤梨的水分需求。但是室内很难达到这样的湿度，为了让空气凤梨在室内茁壮成长，除了从空气中获取水分，还需要对它们进行浸水处理，温暖的月份每周一次，寒冷的月份每两周一次。把空气凤梨从展示处拿到水池或浴盆里，浸到温度适宜的水里，泡15~30分钟的澡。浸水是确保整株植物都得到所需水分的最好方法。吸饱水之后捞出来，倒置在沥水架上控干多余水分，再放回原处。倒置是为了确保将植物上所有的水都控出来，如果有水留在空气凤梨的底部，会导致其腐烂，植株的下部会变成深棕色同时变软，叶子慢慢脱落。即便已经控完水，在把它们放回去之前，也要再用一甩，去除可能藏在叶子里的水。平时为了确保它

们得到所需的水分，温暖的月份每周至少进行两次喷雾，寒冷的月份每周一次。喷雾时要倒置空气凤梨，使多余的水分从底部流下。

繁殖

　　通过分株的方法繁殖空气凤梨。随着植物长大成熟，空气凤梨的侧方会长出新的幼株。当幼株长到母株的三分之一高时，轻轻拉扯根部，将幼株与母株分开。

开花

　　当提供给空气凤梨所需的一切后，它们会通过开出美丽的花来回报你。这是植物成熟的迹象，一生只有一次。一旦空气凤梨开花，它们的生命就要接近尾声了。它们的花朵有许多鲜艳的颜色，比如红色或紫色。在空气凤梨开花时好好欣赏，开花持续约一个星期，然后它们就枯萎了。

疑难杂症

　　叶片变软。这是浇水过多的迹象。虽然要经常浇水，但不要过多浇水，而且记住是喷雾，不是浇灌。

　　变褐或枯萎。这是水分不足或干燥的迹象。可能是由于过多的阳光直射，或者只是没有提供足够的水分。连续喷雾一周将有助于缓解问题。记住永远不要将空气凤梨放在通风口或加热器附近，因为这会导致它们干燥。

造型技巧

　　为什么圣诞树是唯一可以被装饰的树？为什么不在室内植物的枝条上悬挂一些空气凤梨呢？

索引

工作人员名单

杰米·坎贝尔（Jamie Campbell）
@jamiecampbellbynum

贾斯曼·戴维斯（Jasmen Davis）
@jasmendavis

莱塔·摩尔（Letta Moore，015页）
@ksmcandleco

萨拉·托姆科（Sara Tomko，025页）
@hideandpeak
hideandpeak.com

马特·诺里斯（Matt Norris，037页）
@anatomatty

德鲁里·拜纳姆（Drury Bynum，063页）
@drurybynum

陶艺家：
达娜·贝克特（Dana Bechert，作品见105页）
@danabechert

克里斯蒂娜·宾（Kristina Bing，作品见091页）
@kbing

克莱尔·迪·萨尔沃（Claire Di Salvo，作品见024页）
@milkweedceramics

居家一般（Homebody General，作品见032页）
@homebodygeneral

CORB(作品见124页)
@corbecompany

惠特尼·辛普金斯（Whitney Simpkins，作品见093页）
@personalbestceramics

致谢

我非常感谢能够有机会创作这本书。在今年全球新冠疫情暴发的情况下，这几乎是一个奇迹。这个奇迹正是由我身边的团队推动完成的。没有他们，就不会有这本书，在此我想对他们表示感谢。

一如既往，我首先要感谢我了不起的妻子，菲奥娜。她是我的动力和幸福源泉。在过去的五年里，我一直向她征询关于每一个想法的建议，当这些想法再次返回到我身边的时候，都变得更加深刻和完美。菲奥娜，你是我每一天的微笑的制造者。因为有你，我变得更强大、更聪明、更完整。我的不断成长和发展，是对你关爱的回应。如果没有你，这一切都不可能发生。我深深地爱着你。

感谢我亲爱的母亲，她一直是我身边的啦啦队长。我希望我能继续成为你的梦想实现者。感谢我的好朋友，他们一直在支持我，并帮助塑造了今天的我，谢谢你们。

感谢所有努力将这些项目聚集到一起的人，他们每个人都非常优秀。首先，我要感谢杰米·坎贝尔，她是所有项目的设计师，在有些项目中还担任手工模特。杰米，谢谢你在这本书的整个制作过程中对我的耐心，谢谢你承担了那么多困难的工作，帮助我把每个项目变得更好。因为有你的帮助，这本书很漂亮。感谢贾斯曼·戴维斯，他是许多项目的手工模特和助手。贾斯曼，你真的让工作室变得更加活泼有趣。如果没有你帮忙搬那些重物，我们不可能完成这么多事情。莱塔·摩尔，感谢你向我们展示如何制作美丽的蜡烛，给我们的空间营造氛围。你在 KSM 创造了真正特别的东西，我期待看到你的发展。感谢萨拉·托姆科，感谢你帮我打造了我一直想要的植物挂架，你的设计非常特别。感谢马特·诺里斯，谢谢你在我涉及到木工时总是能够提供支援，你是一个真正的工匠和一个伟大的合作者。感谢德鲁里·拜纳姆，你不仅帮助我在家里打造了丛林主题手绘墙，而且也为原书创作了美丽的封面。你是我认识的最多产的人之一，我很幸运能有你这个朋友。

感谢 CICO 出版社一次又一次与我合作。感谢辛迪，多年来我们建立了良好的工作关系，是你对我的信任让这趟列车继续前行。感谢帮助我把疯狂的想法落到纸上的团队，梅根和玛莎，谢谢你们。一直以来你们所有人为这本书的制作付出了如此多的时间和精力，我会永远感激。

最后，感谢绿植爱好者社群的朋友们。过去的几年，是一次疯狂的旅程，是你们一直以来的支持，创造了这个机会。希望你们能从这本书中得到一些打造自己的绿植家居生活的灵感。希望你们能从 DIY 项目中收获乐趣，将养护植物的技巧应用在绿植生活中，并通过倾听植物得到一点启发。我祝福你们都拥有更好更健康的植物。在植物的陪伴下，继续在斑驳的阳光下跳舞吧，永远保持狂野！

谨以本书献给所有的创造者。永不止步。